川上文代的
日本料理教科书

［日］川上文代　著　　马金娥　译

河北科学技术出版社
·石家庄·

前 言

　　每天思考应该在餐桌上摆什么样的料理是一件非常辛苦的差事。因此，本书尽量本着"好吃""简单""节约"的原则来编排菜单，总共介绍了69道比较实用的菜谱。按照烹饪时的准备工作、烹制过程、装盘这一流程来进行解说，平均每道菜配有20张操作图，并配有详细的指导说明。此外，本书还特别给出了做菜时好用的小诀窍、容易导致失败的操作，以及剩余食材的正确保存方法等烹饪外的重要事项。

　　一般来说，只有忠于菜谱来制作料理才可以避免失败，但实际做过几次后自己还是可以稍微做些调整的，也可以用冰箱里剩余的材料来代替菜谱中的材

料。有时你可能想做得简单点，有时又想做得精致些，那就根据你当天的心情来决定菜单吧。

即便是汉堡肉饼、炖鱼这种基本菜品，如果参考本书中列出的料理要点来制作，最后做出的料理也要比平时做的美味得多。如果你还想尝试做一道新菜，也可以在本书中寻到合适的菜谱。希望本书能够成为您每日厨房的指导用书。一定要多做些"大家都喜欢的拿手菜"哟！

川上文代

目录 CONTENTS

第3章　鱼类料理

第4章　蔬菜料理

第5章　鸡蛋、豆腐料理

料理说明

· 括号内材料的分量仅供参考。材料的大小、含水量等状态不同分量也会有差异。

· 食谱中注明的所需时间仅供参考。材料或室温等不同时所需的时间也不尽相同。

· 文中❗代表的是料理要点。

· 1 杯 =200 mL、1 大勺 =15 mL、1 小勺 =5 mL。

· 不同机型的烤箱或微波炉功率也不同，所以温度和加热时间只作为参考，一定要根据料理的状态来进行调节。

· 书中使用的鸡肉清汤和头道汤汁可分别参照 P20 和 P50 制作。也可以使用市售的固体汤料或粉末状汤料，按照商品标记的分量来制作。同样，也可以使用中式固体汤料来制作中式汤汁，此时也要按照商品标记的分量来准备。

· 处理材料时所使用的调味料都在分量外，如加盐水煮时所用的盐、蔬菜浸泡在醋水中去涩时使用的醋等。

· 材料中的高筋面粉也可以用低筋面粉代替。

· 菜品搭配建议只是向大家列举了适合和主菜一起食用的副菜或汤品。具体做法可以参考其他书籍。

· 食谱中使用到的"酒"无特殊说明，均为清酒。

日版图书工作人员

图片拍摄	永山弘子
设计	中村拓茂
插图	中岛麻里
料理制作助理	结城寿美江·片冈亚里歌
编辑、制作	baboon 株式会社（藤村容子 矢作美和 佐佐木胜 长绳智惠 宫毛麻奈美）

第 1 章

家常料理 TOP10

做菜的基础知识❶

每日菜单编排技巧

下面向大家介绍一些有助于菜单编排的技巧

巧妙地"偷工减料"，轻松解决每日的饭菜

　　一般在编排菜单时大家都习惯以三菜一汤为标准。也就是一道主菜、一道汤品再搭配两道副菜，但如果要每天都搭配出完美的菜单，做菜的人就会非常辛苦。能否轻松、顺利地坚持下去，关键还是要取决于实践能力。要能灵活运用前一天剩下的食物或提前煮好的猪肉和豆类。此外，还可以提前做好可以存放的调味汁，这样烹饪时只需大致调制一下就可以做出一道简单的菜品。

　　另外，食谱中列出的材料也可以用其他形状相似的材料来替换。肉馅可以任意选用牛肉馅、猪肉馅或鸡肉馅，菠菜也可以用其他种类的青菜来替代。虽然人们经常说食材的颜色、烹饪方法和味道应该和谐统一，但以上这些要素没有必要全都体现在一顿饭里，而是可以通过一天的饮食来均衡。

编排菜品时的基本思路

首先要决定选择日式、西式还是中式风格的料理。其次要根据自己想吃的来决定主菜和食材。最后要看看家里和超市有什么合适的材料，来决定搭配的副菜。

轻松烹饪

技巧❶ 先严格按照菜谱来做一道菜

开始做料理时先严格按照菜谱来做一道菜。同时，其他料理选择自己比较熟悉的菜，这样精神上会比较轻松。

技巧❷ 合理购物

购物前一定要先确认一下冰箱里有什么食材。如果有需要尽快吃掉的食物，就要配合此食物来购买食材。

技巧❸ 不要过分拘泥于食谱

熟悉做法之后就没有必要完全拘泥于菜谱的材料和操作步骤。要学会随机应变，看看有没有可以代替的材料或省略的步骤。

汉堡肉饼（烧烤酱汁）

关键是要一边排气一边给肉饼塑形

| 增加拿手菜 |

多做些肉饼馅，用保鲜膜密封后再包在锡箔纸内冷冻保存，可用来制作各种料理。比如可以将肉馅夹到茄子或半平鱼肉饼中，也可以用作烧卖或肉丸的馅料。

变形

两种改编版汉堡肉饼

法式汉堡肉饼、韩式汉堡肉饼

制作方法→P12、P13

汉堡肉饼
（烧烤酱汁）

材料（2 人份）

肉饼

牛肉和猪肉的混合肉馅…250 g

洋葱…60 g

A
┌ 生面包粉…20 g
│ （天气干燥时…15 g）
│ 牛奶…60 mL
└ 鸡蛋…1/2 个

肉豆蔻…少许

黄油…25 g

盐、胡椒粉…各适量

烧烤酱汁

洋葱…40 g

B
┌ 番茄酱…2 大勺
│ 伍斯特辣酱油…1 大勺
└ 柠檬榨汁…1/2 大勺

黄油…1 小勺

盐、胡椒粉…各适量

炸薯条

土豆…200 g

煎炸油…适量

盐、胡椒粉…各适量

黄油菠菜

菠菜…1/4 捆（50 g）

黄油…1 小勺

盐、胡椒粉…各适量

奶油胡萝卜

胡萝卜…1/2 根（80 g）

C
┌ 生奶油…3 小勺
│ 水…100 mL
│ 盐…一小撮
└ 胡椒粉…少许

黄油…1 小勺

菜品搭配建议

· 青菜色拉
· 玉米浓汤

所需时间 **50** 分钟

制作肉饼馅

1 洋葱切成 5 mm 见方的丁。沿着纤维竖着切成两半，再横着切，最后从边缘开始将洋葱切碎。

2 用大火加热煎锅，放入 1 大勺黄油。当黄油变成焦糖色后倒入洋葱，快速翻炒 10 秒左右。

3 将炒至还留有一定嚼劲的洋葱盛入碗中并将碗底放入冰水里冷却，洋葱变凉即可。不可冷却过度，以免黄油凝固。

4 将 A 中的生面包粉、牛奶、搅匀的蛋液倒入容器中，用勺子搅匀。

5 在步骤 3 的盆中放入混合肉馅，将步骤 4 中的材料、肉豆蔻、一小撮盐和少许胡椒粉倒入步骤 3 置于冰水中的盆里拌匀。

6 用硅胶铲不划圈地搅拌。肉馅中加入其他食材一起搅拌可以产生空隙并且更加多汁。

7 充分搅匀后用硅胶铲在盆的中间画一条线，将材料分成两半。要先将肉中的脂肪冷却，不然后面的塑形会比较困难。

汉堡肉饼的塑形

8 手上涂些色拉油（分量外），将肉馅揉成圆团。像棒球的投接球练习那样在两手之间来回传递，一边排气一边将肉馅揉圆。

9 拿住肉团的一端如果肉团一下子就散开的话，说明需要继续通过"投接球"来排出里面的空气。

10 如果拿起肉团时肉团不会散开，那么煎制时肉饼也不会散开。

11 方盘上铺上保鲜膜，将肉团放上去，用手轻轻将肉团中央按出浅坑，这样可以保证肉饼受热均匀。

16 将沥干水的菠菜切成 4 cm 长，然后再均匀地撒上盐和胡椒粉。将黄油倒入煎锅中加热，然后放入菠菜快速翻炒。

21 当肉饼煎至金黄色后翻面，再继续用中小火煎 4 分钟左右。利用煎锅的弧度来翻面。

制作配菜

12 炸薯条。将带皮的土豆切成半月形后将土豆浸泡到水中以去除淀粉。这样做可以防止油炸时薯条黏在一起。

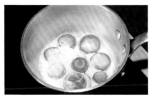

17 将黄油倒入用大火加热的锅中，油热后放入胡萝卜翻炒。加入 C，改小火煮至胡萝卜变软。

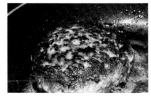

22 将竹扦戳进肉饼中央，如果有透明的肉汁流出的话说明肉饼里面已经熟了。然后将肉饼装盘。不要反复地用竹扦插。

13 制作黄油菠菜。将菠菜的根切掉后洗净，然后放入加入 1% 盐（分量外）的热水中焯一下。然后用笊篱捞出并放凉。

煎肉饼

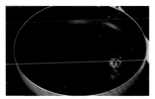

18 用大火加热煎锅，然后倒入色拉油和 10 g 黄油，加热到黄油全部融化。

制作烧烤酱汁

23 用擦菜板将洋葱擦碎。

14 制作奶油胡萝卜。削去胡萝卜的皮并将胡萝卜切成 5 mm 厚的圆片，削去棱角。

19 取下步骤 11 中方盘上的肉饼。放在保鲜膜上的肉饼，可以直接翻过来倒在锅铲上，取的时候非常方便。

24 用厨房纸巾擦干净锅中的油，大火加热黄油后，将 23 中的洋葱和 B 中的材料倒入锅中。

15 沥干水后将土豆条放入 180℃ 的油中炸。炸好后用笊篱捞出并再次放到 200℃ 的油中炸酥，将薯条表面的油沥干后再撒上少许的盐和胡椒粉。

20 将肉饼放入煎锅上，肉饼之间要留有一定的空隙，用中小火煎 4 分钟左右。如果肉饼之间没有空隙的话肉饼就有可能被蒸熟，翻面时也有可能碰到旁边的肉饼。

25 用硅胶铲将锅中的材料拌匀，然后加入一小撮盐和少许胡椒粉。然后将配菜摆到盘子里并浇上酱汁。

材料（2 人份）

汉堡肉饼…2 个（参照 P10）

水芹…适量

白色酱汁

蘑菇…2 个

培根…30 g

低筋面粉…1 大勺

牛奶…300 mL

黄油…20 g

盐、胡椒粉…各适量

南瓜色拉

南瓜…100 g

红薯…40 g

苹果…40 g

葡萄干…8 粒

A ┌ 蜂蜜…10 g
　├ 蛋黄酱…1 大勺
　├ 肉桂…少许
　└ 盐、胡椒粉…各少许

菜品搭配建议

· 扁豆蘑菇色拉

· 蔬菜清汤

所需时间 **30** 分钟

汉堡肉饼的
变形

吃腻基本酱汁时

法式汉堡肉饼（白色酱汁）

制作南瓜色拉

1 将切成半月形的南瓜、苹果以及切成两半再切成 4 块的红薯放到耐热器皿中用保鲜膜盖住。

2 将材料放入微波炉中加热 5~6 分钟直至材料变软。用研杵将保鲜膜捅破，然后将用水泡发的葡萄干和 A 放入其中搅拌均匀。

制作白色酱汁

3 将 1 小勺黄油放入用大火加热的煎锅中，油热后将切成 1 cm 宽的条状培根和 3 mm 厚的蘑菇薄片放入锅中翻炒。

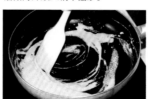

4 小火加热另一个煎锅，将 1 大勺黄油放入锅中加热，然后加入过筛的低筋面粉翻炒。炒的时候注意不要让面粉变色，炒至颗粒状即可。

5 关火后倒入牛奶。仔细搅匀后再用大火加热并用打蛋器搅拌至酱汁变浓。然后再加入两撮盐和少许胡椒粉调味。

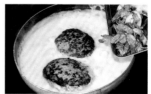

6 将汉堡肉饼、步骤 3 中的培根和蘑菇倒入锅中。仔细搅拌让材料沾满酱汁，然后将材料和步骤 2 中的色拉、水芹一起摆放到盘中。

材料（2人份）

汉堡肉饼…2 个（参照 P10）

石锅拌饭酱汁

大葱（葱白部分）…10 g

大酱…1 大勺

韩式辣椒酱…15 g

芝麻油…1 大勺

酱油…1 大勺

醋…1 大勺

配菜

鸡蛋…2 个

豆芽…1/3 袋

四季豆…4 根（40 g）

白芝麻…1 小勺

辣椒丝…适量

菜品搭配建议

· 腌萝卜（萝卜泡菜）
· 韩式裙带菜汤

所需时间 **15** 分钟

※ 不包括鸡蛋泡在温水里的时间

吃腻基本酱汁时

韩式汉堡肉饼（石锅拌饭酱汁）

制作配菜

1 制作半熟鸡蛋。将鸡蛋放在 40℃左右的温水中浸泡 10 分钟左右。需要注意的是如果水温超过 80℃的话鸡蛋会裂开。

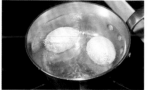

2 将步骤 1 中的鸡蛋放入 80℃左右的水中煮 5~6 分钟。然后将鸡蛋浸泡到冷水里。

3 摘掉豆芽根，豆角择好后切半。摘掉豆芽根的豆芽的口感会更好，料理也会更美味。

4 将豆芽放入含有 1% 盐（分量外）的热水中焯 1 分钟左右。用笊篱捞出豆芽后将豆芽上面的水沥干，可扇风让豆芽冷却。

制作石锅拌饭酱汁

5 将大酱、辣椒酱和芝麻油放入容器中，并用小勺或小的打蛋器搅拌均匀。

6 加入切碎的大葱、酱油和醋并搅拌均匀。将汉堡肉饼、配菜和酱汁盛入盘中，撒上白芝麻和辣椒丝即可。

世界各国的汉堡肉饼酱汁

用世界各国的酱汁来制作好吃的汉堡肉饼

中国	瑞士	印度
甜面酱	**干酪火锅酱汁**	**豆类咖喱酱汁**

材料（2人份）

大葱（葱白部分）…20 g、黄酱…50 g、混合酱…50 g、砂糖…60 g、草莓酱…75 g、水…250 mL、色拉油…1 大勺

制作方法

❶将大葱切碎。

❷将色拉油倒入用中小火加热的煎锅中，油热后放入❶，并炒香。

❸将放凉的❷、黄酱、混合酱、砂糖、草莓酱和水放到食品搅拌器中搅碎。

❹将❸中的材料放入煎锅，用小火煮30分钟左右。

材料（2人份）

格吕耶尔干酪…100 g、爱蒙塔尔干酪…50 g（也可以使用总计150 g的乳花干酪或其他可融化的干酪）、大蒜…1/2 瓣、白葡萄酒…4 大勺、水…180 mL、樱桃白兰地（或白葡萄酒）…1 小勺、玉米淀粉…1/2 小勺、肉豆蔻…少许、黑胡椒粉…少许

制作方法

❶用大蒜蹭锅，然后倒入白葡萄酒和水并用大火加热。煮沸后改成小火，将擦碎的干酪倒入锅中并搅拌至融化。

❷当干酪块完全融化后再加入用樱桃白兰地稀释的玉米淀粉，然后搅拌至酱汁变浓。

❸当酱汁变浓后加入肉豆蔻和黑胡椒粉来调味。

材料（2人份）

鹰嘴豆（水煮）…50 g、猪肉馅…40 g、洋葱…70 g、水煮番茄（罐头、水煮去皮的番茄）…100 g、大蒜…1/2 片、生姜…3 g、小茴香籽…1 小勺、辣椒粉…1 小勺、咖喱粉…2 小勺、水…适量、黄油…1 大勺、盐和胡椒粉…各适量

制作方法

❶将黄油倒入锅中，小火加热，放入切碎的大蒜和生姜翻炒。

❷将撒有少许盐和胡椒粉的猪肉馅放入锅中改大火翻炒，再加入切碎的洋葱继续翻炒。然后加入小茴香籽、辣椒粉和咖喱粉，炒出香味即可。

❸将过筛的水煮番茄、鹰嘴豆加入锅中，再加入没过所有材料的水、少许盐和胡椒粉，煮20分钟左右。

汉堡肉饼的由来与简单改造

现在我们吃的汉堡肉饼起源于德国汉堡市的一种叫作汉堡牛排的料理。自从20世纪60年代传入日本后，这道料理现在已经成为非常常见的西式料理。

如果想做些改变，可以往材料里添加咖喱粉、番茄酱、蛋黄酱等调味料来改变肉饼的味道，也可以加入奶酪、玉米、青豌豆等材料来改变肉饼的口感。此外，还可以加入切碎的香辛植物或绿紫苏等来增加香味。

将煎好的肉饼放凉后放入保存袋里冷冻保存。可以在食用的前一天将肉饼从冷冻室取出并放入冷藏室，让肉饼自然解冻后再重新煎制，也可以用微波炉解冻。如果肉饼中加入了奶酪干菜或咖喱，则需要直接将冷冻的肉饼加热。

圆白菜卷

要使用正好能装下圆白菜卷的锅

| 增加拿手菜 |

除了圆白菜外也可以用生菜或白菜来包裹肉馅。此外，还可以用豆腐来取代肉馅以降低卡路里含量，或者也可以将肉馅换成鲑鱼或虾等做成海鲜风味的料理。

变形

想要搭配日本料理时

日式圆白菜卷

制作方法→P18

圆白菜卷

材料（2 人份）

猪肉馅（或猪肉和牛肉的混合馅料）…200 g
圆白菜…1 个
（使用 8 片较小的叶片，约 480 g）
洋葱…80 g
培根…4 片
面包粉…20 g
牛奶…20 mL
鸡肉清汤（参照 P20）…500 mL
百里香…1 枚
月桂叶…1 片
猪牙花淀粉…适量
黄油…10 g
盐（或粗盐）、胡椒粉…各适量

菜品搭配建议

· 芜菁烟熏三文鱼色拉
· 水果酸奶

所需时间 60 分钟

处理材料

1 将洋葱切成碎末。沿着纤维竖切再横切，从边缘开始将洋葱切细切碎。

2 将黄油倒入锅中，大火加热。当黄油变为茶色时放入洋葱翻炒。加入适量的盐和胡椒粉。

3 快速炒匀后将洋葱盛入置于冰水中的盆里以去除余热。

处理圆白菜

4 挖出圆白菜的菜心。将刀尖切进菜心附近，转一圈后即可挖出菜心。

5 圆白菜浸入水盆中，让水浸入菜心，同时剥离叶片，可以避免弄破叶片。

6 将充足的水倒入较大的锅中煮沸，加入 1% 的盐（分量外）搅拌使之融化。没有粗盐的话也可以使用普通的盐。

7 将圆白菜叶片逐个放入沸水中，焯至叶片变软可以卷起即可，整个过程约需 2 分钟。不时地上下翻面，确保菜帮能够煮熟。

8 等叶片煮至可以卷起的程度时将叶片捞出放在筛子冷却。叶片取出时用筷子夹可能会被弄破，所以要用硅胶铲来捞。

9 去除余热后将叶片放到毛巾上，由上向下按压以去除水。如果叶片还是很热的话可以用扇子扇。

准备肉馅

10 叶片变凉后用刀削去菜帮处较厚的部分。菜帮太厚的话会很难卷，所以要将较厚的部分削薄。

11 将削掉的菜帮切碎。先竖向切成细丝，再调转 90° 横向放置，从顶端开始将菜帮切碎。

12 将切碎的菜帮放入步骤 3 中的盆里并将其与洋葱轻轻搅拌在一起，去除余热。

13 将面包粉和牛奶倒入容器中搅匀。仔细搅拌至牛奶完全浸透到面包粉中。

制作馅料

14 将猪肉馅、步骤 12 中的洋葱和菜帮、一小撮盐、少许胡椒粉、步骤 13 中的材料都装入碗中并用硅胶铲轻轻搅拌。

15 用手仔细搅拌，让所有的材料混合均匀。

16 将碗中的材料分成形状相同的 8 等份。

17 将步骤 9 中的叶片摆到操作台或菜板上，用滤网将猪牙花淀粉过滤撒在叶片上。这样做能使馅料更好地粘在叶片上，不会轻易脱落。

将馅料包到叶片中

18 将馅料逐份捏紧后放到叶片的菜帮部分再开始包。如果地方不够大的话可以一片一片地包。

19 先将菜帮部分卷一下，将馅料盖住。

20 折叠右侧的叶片盖住馅料，然后一直卷到最后。

21 用手指将左侧的叶片按压塞进中间，整理出形状。要紧紧地卷好以免圆白菜卷崩开。

22 依次卷好 8 个圆白菜卷。为了让菜肴的外观比较好看，这 8 个圆白菜卷的大小要一致。

23 将切成两半的培根卷在外面包住洋白菜卷，并用小牙签固定住。

煮圆白菜卷

24 将圆白菜卷摆放到锅中，倒入鸡肉清汤。用大火加热，放入百里香、月桂叶、一小撮粗盐和少许胡椒粉。

25 煮至锅中出现浮沫后改小火，用汤勺将浮沫捞出。如果比较难捞的话可以将锅倾斜，这样捞起来比较容易。

26 盖上锅盖煮 40 分钟左右。建议使用正好能装下 8 个圆白菜卷的锅，可以防止圆白菜卷煮坏。

27 将圆白菜卷煮软后取下牙签，再将圆白菜卷和汤汁一起盛入盘中。用百里香和月桂（分量外）装饰即可。

圆白菜卷的
变形

想要搭配日本料理时

日式圆白菜卷

所需时间 **100** 分钟

材料（2 人份）

日式圆白菜卷

鸡肉馅…200 g

圆白菜…1 个

［使用 4 片较大的叶片（280 g）］

莲藕…100 g

香菇…2 个

大葱（葱白部分）…8 g

生姜…1/2 片（本书中的 1 片生姜约为 15 g）

A ［酱油…1 小勺
　 酒…1 小勺

汤汁（参照 P50）…800 mL

酒…2 大勺

淡酱油…2 大勺

料酒…2 大勺

猪牙花淀粉…适量

盐、胡椒粉…各适量

配菜

莲藕…60 g

胡萝卜…40 g

香菇…2 个

菜品搭配建议

·芝麻菠菜

·糖煮红薯

处理材料

1 用削皮器将用来做圆白菜卷和配菜的莲藕去皮，将莲藕放在醋水（分量外）中浸泡 5 分钟左右，然后用水洗净。

2 配菜中的莲藕切成 5 mm 厚的圆片，香菇去根，顶部切出装饰花纹，胡萝卜去皮切成圆片再切模切成好看的形状。

3 用擦菜板将用来做圆白菜卷的莲藕大致擦碎。

4 去掉用来做圆白菜卷的香菇的根部，将香菇切成 5 mm 见方的丁。

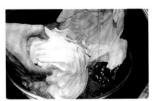

5 按照 P16 的第 4~10 步的操作将圆白菜洗净并煮软，将菜帮部分削薄。

6 将菜帮、大葱和生姜切碎。

制作馅料

7 将鸡肉馅、A、步骤3中的莲藕、步骤4中的香菇、步骤6中的菜帮、大葱、生姜、一小撮盐和少许生姜放入碗中。

8 用手仔细将材料混合匀匀。

9 将材料分成形状相同的4等份。

10 将步骤5中的叶片摆到操作台或菜板上，用滤网将猪牙花淀粉过滤并撒在叶片上。这样能使馅料更好地粘住叶片，不会轻易剥离。

将馅料包到叶片中

11 将馅料逐份捏紧并放在叶片的菜帮部分后再开始包。如果地方不够大的话可以一片一片地包。

12 先从菜帮部分卷一下叶片将馅料盖住。

13 将右侧的叶片折成直角，然后一直卷到最后。

14 用手指将左侧的叶片按压塞进中间。要紧紧地卷好以免圆白菜卷崩开。

15 将圆白菜卷翻过来放置，如果容易散开的话可以用牙签将收口处固定住。

煮圆白菜卷和配菜

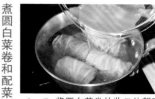

16 将圆白菜卷的收口处朝下放置到锅里，加入汤汁后，用大火加热。

17 煮沸后改小火，加入酒、淡酱油、料酒、1/3小勺盐。

18 将作为配菜的莲藕和胡萝卜放入锅中煮，将火力调大至汤汁微沸。

19 中途如果出现浮沫的话就用汤勺将浮沫捞出，然后盖上小锅盖（比锅内径小一圈的盖子），煮40~50分钟。

20 在关火前5分钟放入作为配菜的香菇，煮熟。尝一下汤汁的味道是否合适，再将圆白菜卷、配菜和汤汁一起盛入容器里。

19

鸡肉清汤的制作方法及要点

下面将向大家介绍本书菜谱中出现的鸡肉清汤的做法

鸡肉清汤

材料（1 L 的量）

鸡架…4 只的量（400 g）
鸡腿肉…250 g（1 个中度大小的鸡腿）
洋葱…100 g（1/2 个）
胡萝卜…120 g
芹菜…1/2 根（50 g）
丁香…1 个
月桂…1 片
水…2 L

制作方法

❶将鸡架和鸡腿肉放入装有水的深锅中。
❷用大火加热，当锅中出现浮沫时用汤勺将浮沫捞出。

❸将插有丁香的洋葱、竖切成 4 等份的胡萝卜、芹菜和月桂放入步骤❷中的锅中，一边用汤勺捞出浮沫一边炖煮 2 小时左右。

❹将厨房用纸铺在过滤器皿中，舀出上面澄清的汤汁慢慢过滤。汤汁少到不好舀的时候可将锅端起来，把剩余的汤汁直接倒入过滤器皿中。

要点 1	要点 2	要点 3

捞出浮沫

鸡架和鸡肉中出来的血和不纯物是浮沫形成的原因。如果放置不管的话汤汁就会变得浑浊，同时还会影响汤汁的味道，所以需要用汤勺将锅中的浮沫捞出。

将丁香插在洋葱里

如果将丁香直接放入锅里香味会太过浓烈，想捞出来也不容易找到。而将丁香插到洋葱里的话就便于将丁香和洋葱一起捞出，然后拔掉丁香即可。

用铺有厨房用纸的过滤器皿过滤

最后过滤汤汁时，不要让蔬菜残渣和浮沫混入汤中。在网眼比较细的漏勺中铺一层厨房用纸后再过滤出鸡肉清汤。

使用市售的汤料也可以做出美味的汤汁

在西餐菜谱中可以经常发现鸡肉清汤的身影。清汤是由肉、骨头和香味蔬菜炖煮而成的，使用牛肉炖煮的话就是牛肉清汤，使用鸡肉炖煮的话就是鸡肉清汤。一般来说如果料理中的主要食材是牛肉的话就使用牛肉清汤，是鸡肉的话就使用鸡肉清汤。但是我们自己在家做菜时就没有必要那么严格。使用鸡肉清汤来制作西式牛肉炖菜也没有关系。

使用市售的汤料虽然非常方便，但风味却欠佳。亲自动手选择材料炖煮的话，汤中肉和蔬菜的鲜味会更加丰富，如果有时间的话最好试着自己炖一下。使用市售的汤料做汤底时可以加入碎肉和香味蔬菜的碎末，这样汤汁的味道会更接近真正炖煮出来的鸡肉清汤的味道。

煎饺

将饺子馅放在冰箱里冷藏是美味的秘诀

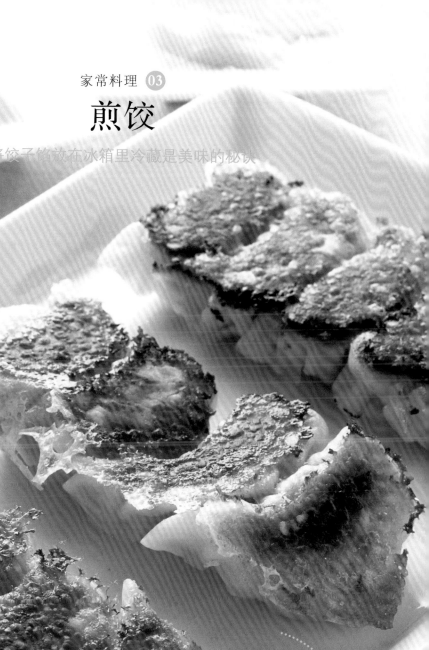

| 增加拿手菜 |

可以用萝卜薄片、稍微煎一下的鸡蛋、鸡皮等来包住馅料，这样的饺子也非常美味。此外，还可以把火腿、奶酪、番茄酱放到剩下的饺子皮上烤制，轻松地做出迷你版比萨。

变形

如果想亲自制作饺子皮

虾饺

制作方法 → P24

煎饺

材料（20 个的量）

市售饺子皮…20 片
水…100 mL
猪牙花淀粉…1/2 小勺
高筋面粉（薄面）…适量
色拉油…1 大勺

馅料

猪肉馅…150 g
白菜…150 g
韭菜…15 g
大葱（葱白部分）…10 g
大蒜…1/6 瓣
生姜…3 g
酒…1/2 小勺
酱油…1 小勺
芝麻油…1/2 小勺
盐、胡椒粉…各适量

配菜

生姜（切薄）…2 片
大葱（葱白部分）…10 g

醋酱油

酱油…2 大勺
醋…2 小勺

菜品搭配建议

· 浇汁青梗菜
· 酸辣汤（中式辣鸡蛋汤）

所需时间 **40** 分钟

※ 不包括冷藏饺子馅的时间

准备饺子馅

1 切掉白菜帮部分，将菜帮和菜叶分开。

2 将菜叶切成碎末。

3 将白菜的菜帮切碎。先将菜帮斜切成薄片，然后再调转 90° 将菜帮横放，从边缘开始将菜帮切碎。

4 将切碎的菜帮和菜叶倒入碗中，撒少许盐并用手拌匀。然后放置 5~6 分钟，让白菜中的水分渗出来。

5 去掉韭菜的根部，将韭菜切成两段后再将韭菜切碎。

6 将步骤 4 中的白菜包在漂白布里，然后拧出其中的水分。仔细地挤出里面的水分可以避免馅料的水分过多。

7 大葱和生姜切成碎末，用于制作饺子馅。可以将制作配菜的大葱的葱心一起切碎。

8 用擦菜板将大蒜擦碎。

制作饺子馅

9 将猪肉馅、酒、酱油、芝麻油、1/2 小勺盐、一小撮胡椒粉加入碗中搅拌至黏稠。

10 将步骤 5 中的韭菜、步骤 6 中的白菜、步骤 7 中的大葱和生姜、步骤 8 中的大蒜倒入步骤 9 的碗中并搅拌，混合均匀。

11 将混合好的饺子馅摊放到方盘里并用切割板将表面摊平。要仔细地将饺子馅摊匀，包括边缘部分，使饺子馅的表面平整。

12 用保鲜膜盖住方盘后将方盘放入冰箱冷藏 1~2 日。冷藏可以让饺子馅更入味。

17 将包好的饺子摆放到撒有薄面的操作台上，用布盖住以免饺子变干。

22 饺子底部煎至金黄色后，将锅铲伸入饺子底部，分几次将煎饺取出。

13 将冷藏后的饺子馅分成 20 等份。可用切割板将饺子馅分割成竖排 4 份，横排 5 份。

煎饺子

18 用 100 mL 的水将猪牙花淀粉化开，勾芡。使用计量杯的话会更简单一些。

23 将饺子金黄色的底部朝上放置到盘子里。如果煎饺的颜色比较浅的话可以再煎一会儿。

包馅

14 在饺子皮的外圈涂一点水（分量外），将适量饺子馅放到饺子皮下方的 1/3 处。

19 将色拉油倒入带有特氟龙涂层的煎锅中加热。然后将饺子摆放到锅中，加入步骤 18 中的猪牙花淀粉芡。

制作配菜

24 将 2 片切薄的生姜叠在一起，从边缘开始切成细丝。

15 用饺子皮盖住饺子馅。用拇指和食指捏住饺子皮，一边捏出褶皱一边将饺子捏紧。

20 盖上锅盖后用中小火煎 5 分钟左右。

25 将用作配菜的大葱切开后，从边缘开始切成细丝。制作配菜时不使用葱心，所以步骤 7 中已先将葱心切碎放入饺子馅中。

16 为避免饺子馅漏出来，要捏紧饺子皮以防饺子开口。

21 拿下锅盖，将剩余水煮干，加热至饺子底部变成金黄色。如果饺子底部没有变成金黄的话可以移动煎锅，让煎锅更靠近火源。

制作醋酱油

26 将醋倒入酱油中并搅拌均匀，和配菜一起放在煎饺旁边，作为蘸料。

煎饺的
变形

如果想亲自制作饺子皮…

虾饺

所需时间 **60** 分钟

制作饺子皮

1 将高筋面粉、低筋面粉和一小撮盐放入碗中。一边加水一边用叉子搅拌，让水被面粉吸收。

2 将面移到操作台上，用手揉面，直至面团的表面变得光滑。面团的硬度应与耳垂的硬度差不多。

3 当面团变得不粘手时用保鲜膜将面团包住，放置 20 分钟。

4 将面团放到撒有薄面的操作台上，在面团上撒些薄面。用擀面杖将面团擀成 40 cm×30 cm 左右的面皮。然后再撒些薄面。

5 用直径为 75 cm 的切模将面皮切成竖排 4 个、横排 5 个的饺子皮。

材料（20 个的量）

饺子皮
高筋面粉…75 g
低筋面粉…50 g
水…70 mL
盐…适量
高筋面粉（薄面）…适量

饺子馅
较小的虾…20 只 +100 g
香菇（水煮）…20 g
大葱（葱白部分）…10 g
生姜…2 g
酒…1/4 小勺
芝麻油…1/4 小勺
猪牙花淀粉…3 小勺

盐、胡椒粉…各适量

麻酱蘸汁
白芝麻…1 大勺
辣油…1 小勺
酱油…2 大勺
醋…3 小勺
芝麻酱…3 小勺

配菜
大葱（葱白部分）…适量
香菜…适量

菜品搭配建议
· 中式蒸茄子色拉
· 中式玉米汤

制作饺子馅

6 将香菇和大葱切成一样大小，将生姜切成碎末。将用作配菜的大葱切成细丝。

11 将搅拌好的饺子馅铺放在方盘里并用切割板将表面摊平。然后将饺子馅分成20等份。

16 将饺子用笊篱捞出，沥干水后装盘。放上切好的葱丝并撒些香菜即可。

7 将100 g小型虾的肠线去除并剥掉虾壳。加入1/2小勺的猪牙花淀粉和一小撮盐并揉搓，以去除虾身上的污垢和腥味。

包馅

12 将步骤 11 中的饺子馅放到饺子皮的中央，然后再放上步骤 9 中的虾。

制作麻酱蘸汁

17 将白芝麻放入小锅中煎7~8分钟。煎的时候要不时摇晃小锅，煎至芝麻全部上色并发出噼噼啪啪的声响即可。

8 洗掉虾身上的淀粉后再沥干水，然后用菜刀将虾切碎。

13 包上饺子皮并露出虾尾。用拇指和食指捏住饺子皮，一边捏出褶皱一边将饺子捏紧。

18 将白芝麻倒入研钵中研磨，按顺序加入辣油、酱油、醋、芝麻酱，每加一样后都要研磨均匀。研好后放到虾饺旁边即可。

9 将20只虾的肠线去除，留下虾尾，剥去虾壳。将2小勺猪牙花淀粉、一小撮盐和少许胡椒粉均匀地涂抹在虾身上并揉搓入味。

煮饺子

14 将包好的饺子摆放到撒有薄面的操作台上，用布盖住以免饺子变干。

ARRANGE!

将水饺变身为汤品！

将裙带菜和水饺放到鸡架汤中煮，然后将搅匀的蛋液画圈式地倒入汤中。最后再撒入用色拉油炒香的大葱，汤品就完成了。

10 将步骤 8 中的虾肉、步骤 6 中的蔬菜以及酒、芝麻油、1/2小勺猪牙花淀粉、少许盐放入碗中。仔细搅拌至所有材料均匀混合在一起。

15 将饺子放入烧开的水中，煮3分钟左右直至饺子浮到水面上。

在放葱前可先尝尝味道，然后再加入少许盐和胡椒粉进行调节。

25

多种多样的饺子馅

如果吃腻了常见的饺子，可以跳脱出中式风味

 西式风味

材料（16 个的量）

牛肉和猪肉的混合馅料…120 g
香肠…30 g
玉米（罐装、玉米粒）…10 g
红色彩椒…10 g
比萨奶酪…30 g

A ┌ 酒…1 小勺
  │ 盐——一小撮
  └ 胡椒粉…少许

制作方法

❶将香肠和比萨奶酪切成玉米粒大小，将红色彩椒大略切碎。
❷将牛肉和猪肉的混合馅料、步骤❶中的材料、玉米和A中的材料装入碗中并用手混合均匀，剩下的步骤请参考P23 步骤 14~23。

泡菜风味

材料（16 个的量）

猪肉馅…150 g
白菜泡菜…40 g
香菇…1 个
大葱（葱白部分）…10 g

A ┌ 酒…1/2 小勺
  │ 酱油…1/2 小勺
  └ 芝麻油…1 小勺

制作方法

❶将白菜泡菜、香菇和大葱大略切碎。
❷将猪肉馅、步骤❶中的材料和A中的材料放入碗中并用手混合均匀，剩下的步骤请参考 P23 步骤 14~23。

腌渍风味

材料（16 个的量）

猪肉馅…120 g
小鳀鱼干…10 g
芥菜…15 g
竹笋（水煮）…30 g
大葱（葱白部分）…10 g

A ┌ 酒…1/2 小勺
  │ 酱油…1/2 小勺
  │ 芝麻油…1/2 小勺
  └ 盐——一小撮

制作方法

❶将芥菜切碎，大葱大略切碎，竹笋切成 5 mm 的丁。
❷将猪肉馅、小鳀鱼干、步骤❶和A中的材料放入碗中并用手混合均匀，剩下的步骤请参考 P23 步骤 14~23。

日式风味

材料（16 个的量）

鸡肉馅…100 g
秋葵…10 g
烤豆腐…50 g
银杏（水煮）…10 g
生姜…3 g

A ┌ 酒…1 小勺
  │ 淡酱油…1 小勺
  └ 盐——一小撮

制作方法

❶将秋葵和沥干水的烤豆腐切成 5 mm 的丁。将银杏切成 4 等份，生姜切碎。
❷将鸡肉馅、步骤❶中的材料和A中的材料放入碗中用手混合均匀，剩下的步骤请参考 P23 步骤 14~23。

根据其他馅料与肉馅的搭配度来决定如何变换饺子的馅料

　　说到饺子馅，最具有代表性的就是猪肉馅搭配白菜、圆白菜、韭菜、大葱、生姜。这样每次的饺子馅都感觉差不多，所以难免会吃腻。如果想用不一样的材料来制作饺子馅，有一个小技巧值得注意。

　　那就是首先要弄清楚所选择的肉馅的种类。比如我们经常吃的煎饺大多都是猪肉馅的，这是因为在所有肉类中猪肉的脂肪含量是最高的，味道浓厚，与中国菜非常匹配。此外，豆腐、绿紫苏等日式馅料则与鸡肉非常搭。使用奶酪、番茄酱等材料来制作西式风味的饺子时，则需要搭配牛肉馅，或以牛肉和猪肉的混合馅料为原料，做成与汉堡肉饼类似的西式风味的饺子。此外，还可以根据馅料的口味将蘸汁做成日式、西式或中式等不同风格。

猪肉姜汁烧

在煎制前一定要将猪肉断筋

| 增加拿手菜 |

如果觉得只有肉会太单调的话也可以加入芜菁的薄片、白菜、蘑菇等蔬菜一起烧制。此外，也可以事先将用姜汁腌渍的肉冷藏起来，着急的时候可以直接拿出来烧制。

变形

想多吃些蔬菜时

蔬菜猪肉生姜烧

制作方法→ P30

猪肉姜汁烧

材料（2 人份）

猪里脊肉…200 g（100 g×2 片）
色拉油…1 小勺
盐、胡椒粉…各适量

混合调料

生姜…15 g
酒…1 大勺
酱油…3 大勺
料酒…1 大勺

配菜

圆白菜…1 片（60 g）
绿紫苏…2 片
黄瓜…1/2 根（50 g）
大葱（葱白部分）…10 g
小番茄（红、黄）…各 2 个
蛋黄酱…1 大勺

菜品搭配建议

· 凉拌豆腐
· 韭菜朴树嫩苗汤

所需时间 30 分钟

制作配菜

1 将菜帮和菜叶叠在一起切丝，为了切得更整齐，可以将菜帮卷到菜叶里切丝。

2 将切好的圆白菜丝立刻浸在冰水里，这样可以使圆白菜吃起来更爽口。浸泡时间不宜太长，否则圆白菜中的营养成分就会流失，浸泡时间不要超过 10 分钟。

3 去掉绿紫苏的茎，然后将 2 片绿紫苏叠在一起竖卷成细卷。

4 从边缘开始将绿紫苏切成细丝，然后放入步骤 **2** 中的碗里。

5 将大葱剖开后从边缘开始切成细丝，然后也放入步骤 **2** 中的碗里。

6 用菜刀的刀背将黄瓜表面突起的部分刮平。切掉黄瓜的两端，用切下来的黄瓜尖摩擦黄瓜的尾部以去除涩味。

7 为了完全去除涩味要将黄瓜皮上绿色较深的部分削掉，然后将黄瓜放到撒有盐（分量外）的菜板上滚动摩擦。最后将黄瓜用水洗净并沥干水。

8 将黄瓜切成 4 cm 长的薄片后再将黄瓜片叠放在一起，从边缘开始切成细丝。然后放入步骤 **2** 中的碗里。

9 用笊篱将步骤 **2** 中混合的材料捞出并用沥水篮将水控干。如果没有沥水篮，可以将碗扣到笊篱上并上下晃动以沥干水。

处理猪肉

10 用刀在瘦肉与肥肉之间的筋上划几刀，两面都要划（断筋）。因为断筋后的肉在煎制时不会卷曲。

11 用保鲜膜包住肉，然后用浸湿的松肉器或擀面杖敲打。

12 翻面后按同样的方式进行敲打，将肉打成图中所示厚度为原来的一半时即可。

13 将一小撮盐和少许胡椒粉均匀地撒在猪肉的两面。

制作混合调味料

14 去掉生姜的皮。一边慢慢地移动菜刀一边削去生姜的皮。也可以用汤勺刮掉生姜的皮。

15 用擦菜板将生姜擦碎。用画圈的方式将生姜擦碎。

16 将生姜、酒、酱油和料酒装入容器中并搅拌均匀。

制作猪肉姜汁烧

17 将色拉油倒入用大火加热的煎锅中。当有轻烟冒出时将猪肉原来朝上的面向下放到锅里，将猪肉的两面都煎成金黄色。

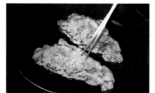

18 煎猪肉卷时要不时地用长筷子按压，卷起的部分和边缘的比较难煎到，要按压整片猪肉好上色。

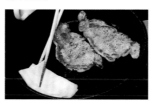

19 当两面都煎成金黄色时将煎锅倾斜并用厨房用纸将锅里的油擦干净。如果不去掉多余的油的话，调味汁就会比较油腻。

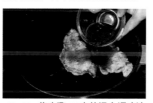

20 将步骤 16 中的混合调味汁倒入煎锅中。不要只倒在猪肉上，也要倒一些在煎锅里，这样调味汁的香味会更加浓郁。

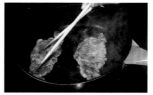

21 晃动煎锅，让调味汁均匀地浸入猪肉里。

装盘

22 取出猪肉放到菜板上，切成约 2 cm 宽。用中火继续将锅里剩余的调味汁煮至适当的浓度。

23 将步骤 9 中的圆白菜丝铺到盘子中间，然后放上绿紫苏、大葱和黄瓜，再将猪肉放到上面。猪肉的肥肉部分应向里放置。

24 放上小番茄和蛋黄酱。然后将步骤 22 中煮过的调味汁均匀地浇在猪肉上即可。

POINT!

切断猪肉的筋以防煎制时猪肉紧缩

猪肉的筋在加热后会紧缩在一起。这也就是为什么有时候在煎制的过程中猪肉会缩成一团的原因。所以要先将猪肉两面的筋切断，将硬筋切断后再煎制，猪肉就不会卷曲或紧缩。

用菜刀的刀尖斜着在瘦肉和肥肉的连接处等间距地划几刀。

注意不是将肥肉切断，而是要将肥肉和瘦肉之间透明的筋切断。

猪肉姜汁烧的
变形

想多吃些蔬菜时

蔬菜猪肉姜汁烧

所需时间 **25** 分钟

材料（2 人份）

猪五花肉薄片…200 g
洋葱…1/2 个（100 g）
胡萝卜…30 g
圆白菜…1 片（60 g）
茄子…小 1 个（70 g）
青椒…1 个（40 g）
熟的白芝麻…1 小勺
芝麻油…2 小勺
盐、胡椒粉…各适量

调味料

苹果…1/6 个
生姜…8 g
酒…1 大勺
酱油…1 大勺
料酒…1 大勺

菜品搭配建议

· 醋拌章鱼黄瓜
· 芜菁冻雨汤

处理材料

1　去掉茄子的蒂，先将茄子切成
2 段后再将茄子竖切成 8 份。

2　切完后立即将茄子放入水中浸
泡 10 分钟左右以去除涩味。

3　去掉洋葱心后将洋葱横切成 2
半，然后沿着纤维将洋葱切成
5 mm 厚的薄片。

4　将胡萝卜先切成 1 cm 厚的片，
再切成长条。

5　将圆白菜切成两半，然后将几
片圆白菜叠在一起并切成一口
大小。

6 　去掉青椒的蒂、种子和里面白色的瓤，再将青椒剖开。然后将青椒横切成2半，从边缘开始切成1.5 cm宽的长条。

7 　将猪五花肉薄片切成5 cm长。切肉后的菜板会变脏，所以要先切蔬菜再切肉。

制作混合调味料

8 　用擦菜板将苹果带皮擦碎。

9 　去掉生姜的皮，用擦菜板将生姜擦碎。

10 　将酒、酱油、料酒、步骤8中的苹果和步骤9中的生姜倒入碗中搅拌。

腌渍猪肉入味

11 　将猪肉放进调味料碗里按揉入味，腌制5分钟左右。

12 　用手挤出猪肉多余的水，将肉放到笊篱中沥干水。肉中水过多会导致下锅崩油，难以炒出香味浓郁的肉片。

翻炒猪肉和蔬菜

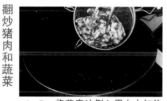

13 　将芝麻油倒入用大火加热的煎锅中，待锅内的油加热至有轻烟冒出时再将肉片放入。

14 　一边用筷子将猪肉分散开一边翻炒。炒至肉片上的红色完全消失。

15 　放入胡萝卜和洋葱，将猪肉和蔬菜翻炒在一起。

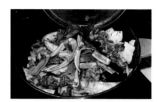

16 　当胡萝卜和洋葱炒熟后再放入圆白菜、茄子和青椒，然后倒入步骤12中挤出的调味汁。

17 　将锅中的食材摊开来炒，至所有蔬菜炒熟即可。然后加入少许盐和胡椒粉进行调味。

装盘

18 　将猪肉和蔬菜均衡地盛到盘里，最后撒上芝麻。

POINT!

在翻炒前先将猪肉和调味料拌在一起

先将猪肉和调味料拌在一起，这样可以让肉更入味。调拌时要将猪肉散开，这样肉片就不会黏在一起了。

先将肉片逐个分开，这样炒的时候会更容易些。

做菜时剩余佐料的保存

附加在料理旁、撒一些在料理中……您了解佐料的保存方法吗?

香芹	生姜	大葱、万能葱（叶葱）

大葱　　　　万能葱

常温

能在 2~3 天内用完可以不必冷藏，先洗净再插入水中保存，随用随取。

冷藏

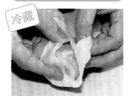

如果要在 2~3 周内使用的话，可以用蘸湿的厨房用纸将生姜包起来冷藏。

将大葱横切开或斜切开，将万能葱横切开或切成 3~4 cm 长的段或其他适宜的大小。

冷冻

1

用水洗净后将水完全沥干。然后装入保存袋中冷冻。保存期限为 1 个月左右。

冷冻

1

用擦菜板画圆似地将生姜擦碎。根据不同的料理来选择是否需要削皮。

冷藏

将切好的大葱浸到水中让葱更新鲜，然后沥干水，用保鲜膜将葱包起来或将葱装入保存袋中，再放入冰箱中冷藏，可以使用 4~5 日。

2

荷兰芹冷冻后，从上至下揉搓保存袋里的荷兰芹。这样就可以将荷兰芹揉成碎末。

2

用保鲜膜将分成小份的生姜末分别包起来，仔细排除保存袋里的空气后再冷冻。保存期限为 1 个月左右。

冷冻

用笊篱等将浸泡后的大葱完全沥干后再装入保存袋中冷冻。这样葱就不会冻成一团，而是散开来的，使用起来比较方便。保存期限为 1 个月左右。

如果仔细保存的话，香辛蔬菜也可以保存很长时间

虽然香辛植物大葱、生姜等是做菜时必不可少的，但大多情况下用量却非常少，只要多花点功夫将这些剩下的材料仔细保存，也可以保存很长时间。比如可以用蘸湿后仔细拧干的厨房用纸将绿紫苏或韭菜包起来并装入保存袋中，然后放入冰箱冷藏，这样可以保存4~5天。此外，也可将萝卜泥放在冰箱中的制冰盘或装鸡蛋的鸡蛋盘中冷冻，再将萝卜泥装入保存袋中冷冻保存。在使用前的几小时，可将萝卜泥放到冷藏室解冻或直接将冷冻的萝卜泥放入味噌汤等料理中。

另外，也可以在自己家里种些经常用到的香辛植物。像罗勒、意大利香芹、迷迭香等香辛植物的种子或植株都可以轻易买到，栽培起来也比较简单，大家不妨尝试一下。将这些植物放到日照较好的阳台上，只要按时浇水即可轻松栽培。

炖猪肉

不要让猪肉里的汤汁流出来

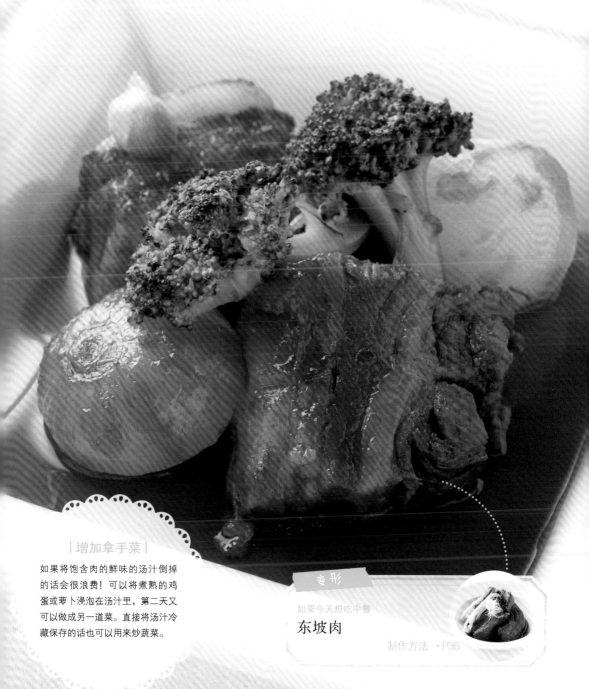

| 增加拿手菜 |

如果将饱含肉的鲜味的汤汁倒掉的话会很浪费！可以将煮熟的鸡蛋或萝卜浸泡在汤汁里，第二天又可以做成另一道菜。直接将汤汁冷藏保存的话也可以用来炒蔬菜。

变形

如果今天想吃中餐

东坡肉

制作方法 ▸ P36

炖猪肉

材料（2 人份）

炖猪肉

猪五花肉（块状）…400 g

大米…10 g

酒…5 大勺

料酒…2 大勺

汤汁（参照 P50）…200 mL

砂糖…1 大勺

酱油…3 大勺

配菜

小洋葱…4 个（160 g）

西蓝花…1/4 个（50 g）

芥末（粉末）…1 小勺

热水…与芥末的量相同

菜品搭配建议

· 辣拌豆芽

· 鲜虾小松菜汤

所需时间 195 分钟

※ 使用压力锅的话需要 95 分钟、不包括浸泡小洋葱的时间

3 煮沸后改小火，炖煮 2 小时左右。要让锅里的水保持微沸状态，在炖煮过程中如果出现浮沫或有油脂浮出的话要用汤勺捞出。

4 五花肉、大米放入压力锅中，倒入浸没猪肉的水（分量外），盖锅盖，煮 20 分钟左右，然后捞出其中的浮油。

处理配菜

5 将小洋葱的皮剥掉。切掉少许根部后再将皮剥掉。

8 用加入了 1% 盐的热水焯西蓝花。然后用笊篱捞出并扇风冷却。

处理猪肉

9 当猪肉煮至可以勉强用竹扦扎透时将猪肉取出，然后将猪肉浸泡到流水中。要仔细浸泡到米糠味消失为止。

10 用厨房用纸将猪肉上的水分擦干。

处理配菜

1 将带皮的小洋葱放到水里浸泡 15 分钟左右。这样做可以将洋葱皮泡软，便于剥皮。

炖煮猪肉

2 将猪五花肉、浸过猪肉的水（分量外）和大米放入锅中，盖上锅盖后用大火加热。也可以用淘米水炖煮。

6 在小洋葱的葱心部分划一个十字。这样洋葱会更容易入味，也更容易煮熟。

7 将西蓝花的茎切开后用手将西蓝花撕成一口大小。如果用菜刀切会导致花的部分散开。

11 将猪肉切成 4~5 cm 见方的块。经过流水浸泡的猪肉会更加紧凑，脂肪也会凝固，切起来比较容易。

炖煮猪肉

12 将酒和料酒倒入锅中，用中火煮，让酒精挥发出去。

13 将汤汁、砂糖和2大勺酱油放入锅中煮沸。

放入配菜

18 将猪肉煮软后再放入小洋葱继续煮。

装盘

23 将芥末装到一个小容器中并用等量的热水化开。将容器倒扣起来，封住香气。不用热水的话芥末就没有辣味。

14 放入猪肉用大火加热。如果汤汁的量正好能浸过猪肉就不用盖小锅盖。

19 尝尝味道，如果味道比较淡的话可取1大勺酱油并一点点地倒进去调味。

24 将猪肉盛到盘子里。由于猪肉已经被煮软所以很容易被弄坏，可以用筷子和勺子一起将肉捞出来。

15 再次煮沸后改小火，煮至汤汁剩下一半左右即可，需煮30分钟左右。如果猪肉很硬的话可以盖上小锅盖以便将猪肉煮软。

20 当汤汁变少时将锅倾斜，让材料都能浸泡于汤汁。没有浸到汤汁的部分会很难入味，所以要不时打开上下转动。

25 再将小洋葱和西蓝花盛出来。并将芥末放到旁边。

16 当汤汁表面有油浮出时要用汤勺捞出。

21 火力要保持在微微煮沸的状态。煮至竹扦可以轻易扎透猪肉且汤汁比较黏稠。

POINT!

让猪肉更入味的技巧

要不时地用筷子转动猪肉的朝向。如果只浸泡相同的部分，猪肉就不会均匀地入味，并且有一部分会变得相当硬。

17 将汤勺向外倾斜，把浮在表面的油吹出去，然后将剩下的汤汁倒回锅中。

22 加入西蓝花，让西蓝花稍微受热。

如果不仔细处理的话肉会很容易碎掉，要夹住大部分的肉块并慢慢地夹上来。

炖猪肉的
变形

如果今天想吃中餐

东坡肉

所需时间 **165** 分钟

※ 用压力锅需要 65 分钟

材料（2 人份）

东坡肉

猪五花肉（块状）…400 g

大葱（绿叶部分）…1 根

生姜…10 g

A ⌈ 醋…1 小勺
　 ⌊ 酱油…1 小勺

绍兴酒…60 mL

砂糖…25 g

水…200 mL

酱油…35 mL

八角…1 个

桂平（肉桂）…1/2 根

山椒花…5 粒

色拉油…1 大勺

盐炒青梗菜

青梗菜…1 棵（120 g）

酒…1 大勺

水…150 mL

色拉油…1 小勺

盐…适量

配菜

大葱（葱白部分）…10 g

芥末（粉末）…1 小勺

热水…与芥末等量

菜品搭配建议

· 海蜇拌黄瓜

· 番茄鸡蛋汤

炖煮猪肉

1 将生姜切成 5 mm 厚、大葱（绿叶部分）切成大段。将用作配菜的大葱（葱白部分）切成细丝。

2 将猪五花肉、大葱（绿色部分）、生姜放入锅中，倒入没过五花肉的水，炖煮 2 小时左右。

腌渍猪肉入味

3 将 A 倒入宽口的方盘中并轻轻搅拌。

4 将煮好的猪肉浸泡至冰水中。这样可以让脂肪凝固，肉就不会散开，切起来也比较容易。

5 取出冰水中的肉，用厨房用纸将猪肉上的水擦干，将猪肉竖切成两半。

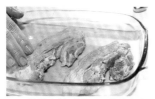

6 将猪肉放到步骤 3 中的方盘里，把 A 均匀涂抹在肉的表面。猪肉涂上调味料后再煎，香味会更浓郁，还可以去除异味。

煎制猪肉

7 将绍兴酒、砂糖、水、2 大勺酱油、八角、桂皮放入锅中。肉煎好后要立即放入锅中，所以要先将调味料拌匀。

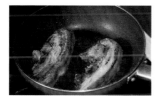

8 用大火将煎锅中的色拉油加热。将猪肉放入锅中，煎至表面金黄。附着在猪肉上的水遇油后会崩锅，煎制时一定要注意安全。

9 不时地用长筷子调整猪肉的朝向，让猪肉表面全都煎成金黄色。

炖煮猪肉

10 将猪肉放入步骤 7 的锅中并用大火加热。

11 煮沸后将火调小，加入山椒花炖煮 30 分钟左右。用等量的水将芥末化开，然后将容器扣过来，把香气封住。

12 用汤勺仔细地将浮在汤汁表面的油捞出来。将汤勺中的浮油吹出去，再把剩下的汤汁倒回锅中。

13 尝一下味道，如果味道太淡的话取 1 小勺剩下的酱油，一点点地倒入锅中进行调味。也可以将汤汁煮浓一些来调味。

14 不时地将锅倾斜，让猪肉能够均匀地入味。

15 汤汁变少后，一边用汤勺将汤汁浇到露在外面的猪肉上，一边炖煮。

16 当用竹扦可以轻易将猪肉扎透且汤汁变浓稠时，即可以停止加热。

制作盐炒青梗菜

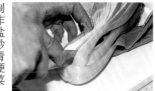

17 将青梗菜的菜帮切成 4 等份。将菜根部分的沙土冲洗干净，然后仔细沥干水。

18 用大火将煎锅中的色拉油加热。加入青梗菜，快速翻炒，然后加入酒、水和 1/4 的盐放入锅中炒 1 分钟左右。

19 将炒好的青梗菜放到铺有烘焙纸的方盘上，沥干水。

装盘

20 将猪肉盛入盘中并浇上汤汁。将步骤 19 中的青梗菜、步骤 1 中的大葱（葱白部分）、步骤 11 中的芥末摆放到盘中。然后将从步骤 16 的汤汁中捞出的八角放在上面。

用五香粉轻松做出中华料理

了解中华料理中必不可少的隐秘味道、五香粉的真面目

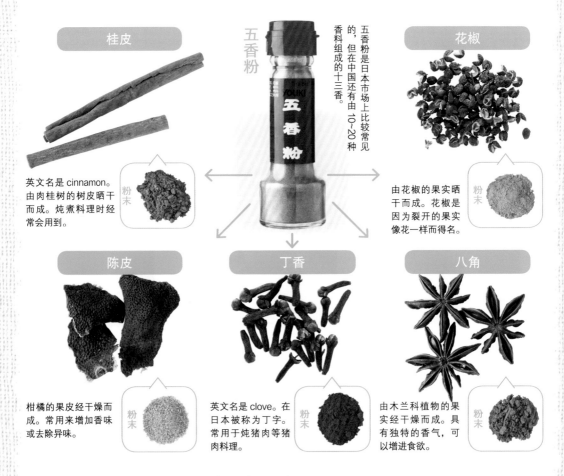

桂皮

英文名是 cinnamon。由肉桂树的树皮晒干而成。炖煮料理时经常会用到。

花椒

由花椒的果实晒干而成。花椒是因为裂开的果实像花一样而得名。

五香粉

五香粉是日本市场上比较常见的，但在中国还有由10~20种香料组成的十三香。

陈皮

柑橘的果皮经干燥而成。常用来增加香味或去除异味。

丁香

英文名是 clove。在日本被称为丁字。常用于炖猪肉等猪肉料理。

八角

由木兰科植物的果实经干燥而成。具有独特的香气，可以增进食欲。

不限类别、应用范围广泛的五香粉的使用方法

所谓五香粉就是将中国的香辛料研磨成粉末状后混合而成的调味料，香味复杂，香气具有独特的中国风味。在中国是一种日常调味料，常用于去除材料的异味或增加菜肴的风味。但五香粉并不一定只限于五种香辛料，有的甚至是由10种以上的香辛料组合而成。

在制作麻婆豆腐和炒蔬菜等中华料理时一般都会用到五香粉，除此之外五香粉还有许多其他用法。譬如可以在准备阶段将五香粉揉进肉和鱼中后再烹制，也可以撒入牛肠煮、炖金枪鱼、加了海鲜的味噌汤等香味较强的料理中进行调味。加入蘸汁或调味汁中，可以轻松地变为中华风味。在制作日餐或西餐时可以像芥末、辣椒一样少量地使用。由于五香粉的香味比较浓烈，所以切记在使用时不要掩盖料理原本的味道。

炖炸猪排

将猪肉的厚度打薄以保证猪肉能够均匀地受热

| 增加拿手菜 |

如果前一天有未吃完的油炸食物
或菜肴，可以将剩菜做成美味的日
式鸡蛋汤。此外，如果将放置了一
段时间的炸猪排、炸肉饼或炸虾放
入鸡蛋汤中，就可以做成一道美味
的料理。

变形

如果不想油炸

日式猪肉鸡蛋汤

制作方法→ P42

炖炸猪排

材料（2 人份）

鸡蛋…3 个
圆白菜…100 g
洋葱…1/4 个（50 g）
秋葵…2 个
汤汁（参照 P50）…100 mL
酱油…2 大勺
酒…2 大勺
砂糖…1 大勺

炸猪排

猪肩里脊肉…2 片（200 g）
鸡蛋…1 个
低筋面粉…40 g
面包糠…适量
煎炸用油…适量
盐、胡椒粉…各适量

菜品搭配建议

· 腌白菜
· 文蛤汤

所需时间 30 分钟

处理蔬菜

1　将圆白菜逐片剥下来，切之前将圆白菜浸到冰水中让圆白菜更爽口。

2　将圆白菜叠放在一起，从边缘开始切成 5 mm 的丝。

3　将洋葱切成 5 mm 厚的薄片。

4　去掉秋葵蒂部的棱边，用刀沿着萼片周围转一圈。

5　用盐（分量外）擦搓秋葵。搓掉秋葵表面上的白色绒毛。

6　洗掉秋葵表面上的盐，沥干水，将秋葵斜切开。

处理猪肉

7　将里脊肉的筋切断。在瘦肉和肥肉之间的筋上划几刀。这样做可防止油炸时猪肉收缩。

8　用保鲜膜将猪肉包住，用湿的松肉器或擀面杖从上往下敲打。然后将肉翻过来按同样的方式敲打。敲打可以将猪肉的纤维软化。

9　图中稍远的那片没有经过敲打；稍近的已经敲打过，厚度减一半。肉的厚度均匀一致，出锅时间也较统一。

制作面衣

10　将鸡蛋打到碗中，加入低筋面粉、一小撮盐，并用打蛋器搅拌均匀。

11　搅拌至蛋液变浓稠。

制作炸猪排

12　将面包糠摊放到方盘上，用手揉搓，将面包糠揉成大小一致的颗粒。

13 将少许盐和胡椒粉把步骤 9 中已敲打完的猪肉涂满，并用手按压入味。

14 在猪肉的表面裹上充足的面衣。要全都裹上，一边转动猪肉一边将面衣裹均匀。

15 将猪肉放到步骤 12 的方盘中，裹上面包糠。用手向下按压让上面包糠粘满猪肉的两面。然后拿出猪肉抖掉上面多余的面包糠。

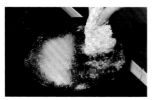

16 将猪肉放入加热至 180℃ 的热油中炸。猪肉放入时应将装盘时朝上的那面向上放置到油中。

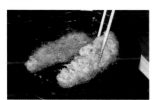

17 过一段时间后翻面，让猪肉的两面均匀地受热。因为一会儿还要和鸡蛋一起炖煮，所以炸到 9 分熟即可。

18 待猪排中冒出的气泡变小时说明猪排已经炸好了。

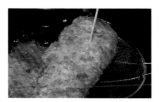

19 捞出猪排并用竹扦扎一下，如果流出的液体是透明的说明已经炸好了。如果留出的液体是浑浊的则说明还要继续炸一会儿。

20 将炸好的猪排捞出并沥干油，切至 1.5 cm 厚。快速地从上往下切以免面衣和猪肉碎掉。

炖煮炸猪排和蔬菜

21 将汤汁、酱油、酒和砂糖放入煎锅中并用大火加热。沸腾后加入步骤 3 中的洋葱。

22 将圆白菜丝慢慢地铺放到煎锅上面。由于一会儿还要把炸猪排放到中间，所以可将步骤 6 中的秋葵摆到锅边。要让菜品的色彩搭配得当。

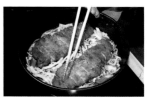

23 汤汁沸腾后将猪排放到中间，用长筷子夹动猪排让两块猪排之间留出少许空隙，继续炖煮 1~2 分钟。

24 用长筷子拨动搅匀的蛋液，将蛋液均匀倒入锅中。让一半的猪排浸在蛋液中，蛋液主要是要覆盖在蔬菜上。

装盘

25 当蛋液达到半熟状态时将火关掉并装盘。如果蛋液达到自己喜欢的状态时，也可以早点将火关掉。

POINT!

判断猪排是否炸好的技巧

炸之前猪排是含有水分的。在炸的过程中猪排里的水分就会流失，所以当猪排变得比之前轻时就说明猪排已经炸好了。

将猪排放到滤油网上滤油，同时确认猪排的重量，如果猪排与炸之前相比变轻了的话说明已经炸好。

炖炸猪排的
变形

不想油炸时

日式猪肉鸡蛋汤

所需时间 **30** 分钟

材料（2 人份）

薄片五花肉…120 g
鸡蛋…2 个
牛蒡…30 g
香菇…2 个
洋葱…1/2 个（100 g）
油炸豆腐…1/3 块（70 g）
鸭儿芹…5 g
盐…适量

汤汁

汤汁（参照 P50）…100 mL
淡酱油…3 大勺
料酒…2 大勺
砂糖…10 g

菜品搭配建议

· 鹿尾菜炖什锦蔬菜
· 蚬子红酱汤

1 把牛蒡削成薄片。用刷子将牛蒡洗净，用刀在牛蒡的根部划出放射状的刀口。

2 将牛蒡放到菜板上，一边用一只手前后转动牛蒡一边将牛蒡斜削成薄片。也可以像削铅笔那样将牛蒡削成薄片。

3 牛蒡切开后会立即变色，所以切完后要立即将牛蒡浸泡到醋水（分量外）里。2~3 分钟，取出后将牛蒡洗净并沥干水。

4 去掉香菇的根，将香菇切成 5 mm 厚的薄片。

5 将洋葱也切成和香菇一样的 5 mm 厚的薄片，让它们大小一致。

6 将鸭儿芹切成 3 cm 长。从芹菜叶一端开始切，将较硬的茎扔掉。

11 砂糖溶化后加入牛蒡，煮 5~6 分钟将牛蒡煮软。

16 将鸭儿芹均匀地撒入锅中，盖上锅盖，小火煮 2 分钟左右。

7 将油炸豆腐先切成 1 cm 厚，再切成 2 cm 见方的小块。

12 依次将洋葱、香菇、油豆腐放入锅中煮软。

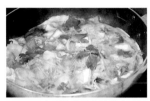

17 当蛋液达到半熟状态时关火并装盘。如果鸡蛋达到自己喜欢的状态，也可以早点将火关掉。

8 将薄片五花肉切成 3 cm 长。切肉时会弄脏菜板，所以要先将蔬菜切完后再切肉。

13 将猪肉逐片摆到锅里的食材上，注意肉片不要重叠放在一起。

装盘

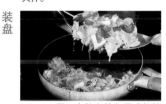

18 用 2 个较大的勺子或锅铲等将菜盛入盘中。如果是按 1 人份做的话可以直接将菜和汤汁一起滑到盘子里。

9 往蛋液中加一小撮盐并搅匀。注意不要搅拌过度，否则会让蛋液失去黏度，大致拌匀即可。

14 煮至猪肉的红色消失、汤汁减少。出现浮沫时要用勺子将浮沫捞出。

猪肉鸡蛋汤盖饭

将做好的菜放到热乎乎的白饭上就可以做成一款与猪肉鸡蛋汤略有不同的菜品。装盘时要将半熟的蛋液最漂亮的一面朝上放置。

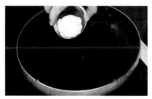

10 将汤汁、淡酱油、料酒和砂糖倒入锅中，并用大火加热。

15 将步骤 9 中搅匀的蛋液倒入锅中。一边用长筷拨动一边画圈将蛋液均匀地倒入锅中汤汁沸腾的地方。

猪肉、油炸豆腐、蔬菜等各种食材不要堆积在一起，要均衡放置。

做菜的技巧与要点 ❻

日本各地的猪排饭指南

探寻日本人喜欢的猪排饭的起源

关西 萝卜泥猪排饭

是什么样的猪排饭呢？

将猪排放到白饭上，然后再放上萝卜泥、一味辣椒粉（只用一味辣椒制成的辣椒粉）、海苔碎、万能葱，最后再浇上酱油即可。

新潟 酱油猪排饭

是什么样的猪排饭呢？

将4大勺料酒、3大勺酱油和2大勺酒混合在一起煮沸制成调味汁，将较薄的猪排放入其中浸泡一下。白饭上也要浇上调味汁。不铺圆白菜丝，是一款比较简单的猪排饭。

爱知 味噌猪排饭

是什么样的猪排饭呢？

将切碎的大蒜、生姜和葱白放入色拉油中炒，加入100 g味噌、60 g砂糖和250 mL水。煮浓后将汤汁浇到猪排上，然后撒上白芝麻。最后放上切成细丝的圆白菜和葱白。

冈山 蔬菜肉酱沙司猪排饭

是什么样的猪排饭呢？

将猪排放到铺有圆白菜丝的白饭上，浇上蔬菜肉酱沙司。再放上青豌豆和荷包蛋即可。

了解猪排饭的主角——猪排的历史

　　最初的猪排饭据说是1921年店家在早稻田大学的学生建议下做出来的。当时人们经常吃的并不是像现在这样将猪排放在鸡蛋汤里的猪排饭，而是浇上酱汁的炸肉排。这个炸肉排就是现在猪排饭的原型。

　　炸肉排是明治时代从法国传到日本的料理之一。在薄片的肉上裹上面衣后放到煎锅里煎炒，然后再浇上混有香辛料的酱油即可。炸肉排在当时非常流行，但人们还是不习惯用刀叉来吃。所以，日本人为了吃起更方便，就把它改成像天妇罗那样，先裹上厚厚的面衣再油炸，然后用刀切开后售卖，以省去吃的时候切肉的时间。结果，一开始售卖，猪排饭就立即成为人气料理。

家常料理 07

土豆炖牛肉

一边尝味一边判断使用调味料的分量

| 增加拿手菜 |

可以用鲑鱼、鲥鱼或青花鱼等脂肪
含量较高的鱼来取代牛肉，和土豆
一起炖，这样炖出来的菜也非常美
味。如果有剩菜，可以加入咖喱酱
将剩菜做成口式咖喱。

变形

如果想把这款菜改为西式风味的话……

西式土豆炖牛肉

制作方法 ▶ P48

土豆炖牛肉

材料（2 人份）

薄片牛肩里脊肉…150 g

土豆（小）…2 个（250 g）

洋葱…1/2 个（100 g）

胡萝卜…1/3 根

四季豆…2 根（20 g）

魔芋…50 g

生姜…1 片

色拉油…2 小勺

汤汁

酒…25 mL

料酒…1 大勺

汤汁（参照 P50）…300 mL

砂糖…3 大勺

酱油…2 大勺

菜品搭配建议

· 芝麻醋拌茄子蘘荷

· 滑菇味噌汤

所需时间 40 分钟

处理材料

1 在魔芋的两面划出网状刀痕。刀口的深度为 5 mm，这样魔芋会更容易入味。

2 将魔芋切成一口大小。魔芋用筷子很难夹断，所以要将魔芋切成一口大小。

3 撒入 1/4 小勺的盐（分量外）并用手轻轻按揉魔芋，放置一会让水流出，去除涩味。

4 削去土豆皮后将土豆切成四块。如果使用的是男爵土豆的话需要先将土豆煮松软。

5 将洋葱切成半月形。

6 将胡萝卜切成小块，大小要与洋葱一致。

7 去掉生姜的皮，将生姜切成 2~3 mm 厚的薄片。

8 将四季豆根部折断并择掉豆角弦。然后将四季豆斜切成 3 段。

9 将牛肩里脊肉切成 3 cm 长。切肉时会弄脏菜板，所以要先切蔬菜再切肉。

10 在装有水的小锅中放入 1% 含量的粗盐或盐（分量外），然后用盐水焯四季豆。

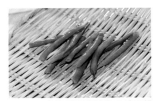

11 煮软后用笊篱将四季豆捞出并扇风冷却。

12 将步骤 3 中的魔芋放入刚才焯四季豆的锅中煮 2~3 分钟，然后用笊篱捞出。这样可以除去魔芋本身的碱味。

13 用中火将锅中的色拉油加热，将生姜放入锅中翻炒。炒出香味后放入洋葱并改用大火翻炒。

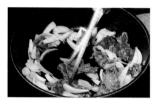

14 洋葱炒软后放入牛肉并继续用大火炒，炒至牛肉稍微变色即可。

15 依次放入胡萝卜、土豆继续炒。每次放入蔬菜时都要仔细翻炒。先放入比较难熟的蔬菜翻炒。

16 放入魔芋继续翻炒。炒至土豆和胡萝卜充满油光且具有透明感即可。

17 将料酒倒入步骤16的锅中，增加菜肴的风味，煮至酒精挥发。

18 用橡胶锅铲刮锅底，让汤汁中的鲜味能够渗入到食材中。

19 放入汤汁和砂糖，将汤汁煮到滚开，在此期间不要翻动锅里的食材。

20 用汤勺将锅中的浮沫捞出。

21 将汤勺向外倾斜并将上面的浮沫吹出去，然后将剩下的汤汁倒回锅中。

22 加入一多半的酱油，一边轻轻搅拌一边炖煮15分钟左右。

23 汤汁变少时用竹扦扎土豆，如果一下子就能扎透的话说明土豆已经熟了。

24 尝尝味道，如果比较淡的话就将剩下的酱油一点点地倒入锅中调味。

25 将四季豆放入锅中，当四季豆变热后，将材料均匀地盛入盘中即可。

POINT!

如何快速煮熟土豆

如果土豆硬得用竹扦都很难扎透，可以盖上锅盖再继续炖煮一会。盖上锅盖后锅中会充满蒸汽，这样土豆就会熟得比较快。

使用透明锅盖，可以随时观察到锅中食材的样子，了解食材是否煮熟。

土豆炖牛肉的
变形

如果想把这款料理改为西式风味的话…

西式土豆炖牛肉

所需时间 **30** 分钟

处理材料

1 将洋葱切成半月形。切的时候以洋葱心为轴心，这样洋葱就不会散开。

2 将土豆和洋葱一样切成半月形，土豆和洋葱的大小要保持一致。

3 用刀沿着小番茄的蒂周围划一圈，捏住番茄蒂，将番茄蒂和番茄心一起拔出来。留下番茄心的话会影响番茄的口感。

4 用刀将芦笋茎上突出的部分（叶鞘）削掉。

5 用削皮器削皮。不要将所有的皮都削掉，留下根附近的皮。皮要削得薄一些，削完后芦笋表面最好是绿色的。不要让里面的白色露出来。

材料（2 人份）

牛碎肉…150 g
土豆（小）…2 个（250 g）
洋葱…1/2 个（100 g）
小番茄…6 个（60 g）
芦笋…2 个（80 g）
橄榄油…2 小勺
盐、胡椒粉…各适量

汤汁

A
鸡肉清汤（参照 P20）…200 mL
姜汁汽水…200 mL
酱油…1 大勺

月桂…1 片

菜品搭配建议

· 海鲜色拉
· 白四季豆汤

6 将根部带皮的部分折断。先稍微弯折一下，这样自然会留下折痕，然后在折痕处将根部折断。

7 将芦笋斜切开，然后将芦笋浸泡在冷水中以去除涩味。

8 将牛碎肉切成 3 cm 长。切肉时会弄脏菜板，所以要先切蔬菜再切肉。

翻炒

9 将橄榄油倒入锅中并用大火加热，然后放入洋葱和土豆翻炒。最好使用比较大的锅，这样食材可以更好地沾上油，同时也会炒得更香。

10 一边翻动食材一边炒，让所有食材都能够炒熟。不仅仅是搅动食材，而是要翻动食材，将食材全部炒熟。

炖煮

11 一边用手将牛碎肉散开一边放到锅中，然后再用橡胶锅铲翻炒。

12 当牛肉的表面炒香后将 A 倒入锅中。酱汁汽水会给这道菜增加少许生姜风味和糖分，让菜更加美味。

13 不时地用橡胶锅铲轻轻搅拌并炖煮15~20分钟左右。步骤 12 加入的姜汁汽水的碳酸可以帮助材料更快地煮软。

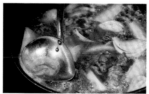

14 出现浮沫时要用汤勺将浮沫捞出来。倾斜汤勺将表面的浮沫吹掉后，再把剩下的汤汁倒回到锅中。

15 汤汁煮沸后将划有切口的月桂叶放入锅中。在月桂叶上划几道口子可以让月桂的香气更好地释放出来。

16 将芦笋放入 1% 的热盐水中焯一会，再放入汤汁中。

17 将焯过的芦笋浸泡到冰水中，让芦笋的口感更加爽脆。如果焯过的绿色蔬菜颜色鲜亮，可以让料理的颜色看起来更加新鲜。

18 用竹扦扎土豆，如果一下就能扎透的话说明土豆已经熟了。

19 尝尝味道，如果味道比较淡的话加入适量的盐和胡椒粉进行调味。

装盘

20 放入小番茄和芦笋并轻轻搅拌让番茄和芦笋变热。然后将食材均衡地盛入盘中。

日式汤汁的制作方法与要点

下面向大家介绍本书中出现的汤汁制作方法

头道汤汁

材料（1 L的量）

水…1 L
海带（边长为10 cm的方形）
…1 片
鲣鱼干…15 g

制作方法

❶用毛巾擦去海带表面的污垢，然后将海带放入装有水的碗中浸泡一晚。
❷将步骤❶中用于浸泡的水和海带一起倒入锅中，煮至临近沸腾状态。当水开始滚边时将海带捞出来。
❸马上将鲣鱼干放入锅中，小火加热至临近沸腾状态。捞出浮沫，关火后稍微放置一段时间。
❹然后慢慢地将汤汁倒入铺有漂白布的过滤器皿中过滤。

过滤后剩下的材料怎么办？

剩下的材料不要扔掉，还可以用来制作二道汤汁。或者也可以将海带切成小块用来制作味噌汤，切成细丝用来制作佃煮。鲣鱼干稍微煎一下还可以用来制作鱼粉拌紫菜或寿司。

POINT 01
火候要掌握在微沸的程度

如果将汤汁煮得滚开的话汤汁中除了鲣鱼干的美味外，还会有涩味出现，同时汤汁还可能会变浑浊。所以火候要掌握在让汤汁微沸的程度。

POINT 02
放置一会让鲣鱼干沉下去

在一分钟内捞出浮沫，然后将火关掉，直接放置5分钟，其间不要用汤勺等触碰汤汁。等到鲣鱼干沉下去后再过滤汤汁。

POINT 03
慢慢地仔细过滤汤汁

慢慢地将汤汁上面的澄清部分倒进铺有漂白布的笊篱中过滤。为了防止汤汁变浑浊，不要一下子将汤汁全都倒进去，也不要挤拧鲣鱼干。

关于料理的基本——汤汁的制作

无论制作何种料理，汤汁都是必不可少的，但海带和杂鱼干有很多不同的种类，很多人都不知道该如何制作。

在制作日本料理时经常使用的是由海带和鲣鱼干制成的头道汤汁。大多用于炖菜或蒸菜等料理，制作出来的料理味道深厚、雅致。

使用制作头道汤汁时剩下的海带和鲣鱼干，再追加少许鲣鱼干而制成的汤汁叫作二道汤汁，再次追加的鲣鱼干被称作"追加鲣鱼干"。只要追加少许鲣鱼干就可以完成制作，可以说非常经济实惠，同时做出来的汤汁浓郁鲜美，可以用来制作各种料理。

此外，还可以用由杂鱼干熬煮而成的杂鱼汤汁来制作味噌汤，这样制作出的味噌汤也会非常美味。这是因为杂鱼干所含有的肌苷酸这种美味成分与味噌汤中的氨基酸结合后会产生更为丰富的风味。

炸鸡块

在结束前将油加热至高温，这样炸出来的鸡块会比较酥脆

| 增加拿手菜 |

如果比较在意卡路里的话不妨尝试一下"不用油炸"的炸鸡块。在已经入味的鸡肉上涂上猪牙花淀粉并涂上薄薄的一层油，然后将鸡块放到微波炉里加热即可做出比较健康的炸鸡块。

变形

如果想吃清爽的酸甜口味的话……

油淋鸡

制作方法 → P54

炸鸡块

材料（2 人份）

鸡腿肉…1 块
低筋面粉…2 大勺
煎炸油…适量

腌渍调味汁
大蒜…1 瓣
生姜…8 g
鸡蛋…1/2 个
酒…1 大勺
酱油…1 大勺
砂糖…1 小勺
盐、胡椒粉…各适量

配菜
西葫芦…35 g
红色彩椒…35 g
黄色彩椒…35 g
圆生菜…1 片（30 g）
柠檬…1/4 个
盐…适量

柠檬盐
柠檬皮…1/2 个柠檬的皮
盐、胡椒粉…各适量

菜品搭配建议

· 煎鸡蛋
· 圆白菜竹笋汤

所需时间 **50** 分钟

※ 不包含鸡肉放置的时间

腌渍鸡肉入味

1 用擦菜板将用于制作调味汁的大蒜和生姜擦碎。

2 切掉鸡腿肉上多余的筋，在鸡皮上划几刀。多余的油会从切痕中流出来，鸡肉也更容易入味，更容易熟。

3 将鸡肉切成3~4 cm见方的块。由于鸡皮比较滑所以切的时候可以将里面的肉向上放置，让鸡皮贴在菜板上。

4 将鸡肉、步骤1中的大蒜和生姜、酒、酱油、砂糖、搅匀的蛋液、一小撮盐和少许胡椒粉装入塑料袋中。

5 然后用手仔细将材料揉到一起。通过揉搓让鸡肉充分地吸收水分，这样鸡肉的口感会比较软嫩。

6 将鸡肉移到阴凉处放置 30 分钟左右，让鸡肉腌制入味。鸡肉入味后保存期限也会变长，放到冰箱里冷藏可以保存 4~5 日。

处理配菜

7 将用于制作配菜的蔬菜切好。把西葫芦、红色彩椒和黄色彩椒切成 5 cm 长的条状。

8 将圆生菜的叶子卷在一起并切成 5 mm 宽的细丝。

9 将切好的生菜丝放入冰水中浸泡 5~6 分钟，等到生菜变新鲜后沥干水并放入冰箱中冷藏。

10 将柠檬切成半月形并去除里面的芯和籽。为了更易挤出柠檬汁，可在每块柠檬上划上 2~3 刀。

制作柠檬盐

11 将柠檬皮切成碎末。先将柠檬皮切成细丝，然后细丝调转 90° 改为横向放置，再从边缘开始切碎。

12 将切碎的柠檬皮、1小勺盐和少许胡椒粉搅拌在一起。

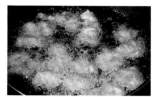

17 在鸡肉捞出前将火调大把油加热到200℃，这样炸出的鸡肉会更酥脆。最后拉高油温可以把鸡肉中的油逼出来。

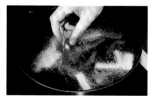

炸配菜

22 将步骤7中的西葫芦和彩椒放入180℃的油中炸。放的时候要尽量贴近油面，以免油溅出。

炸鸡肉

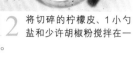

13 当鸡肉充分吸收调味料后加入低筋面粉并拌匀。在马上要炸之前加入面粉，可以将鸡肉中多余的水吸收掉。

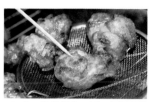

18 用竹扦扎一下，如果有透明的汁液流出来的话说明鸡肉已经熟了。

23 将炸好的蔬菜放到滤油网上沥干油后，把炸鸡块和炸蔬菜一起放到铺有厨房用纸的方盘上，然后撒上少许盐。

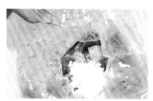

14 将鸡肉的形状整理均匀。如果出现鸡皮错位、鸡肉变得细长等情况时，需要先将鸡肉的形状整理好后再开始油炸。

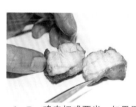

19 鸡肉切成两半，如果里面的鸡肉已经熟了就可以全部捞出。炸太久鸡肉会变柴，所以要先将炸熟的鸡肉挑出。

装盘

24 生菜铺到盘子里，然后将炸鸡块和配菜放到上面。最后再将柠檬和柠檬盐放到旁边备用即可。

15 油加热至180℃时放入鸡肉，不要翻动，静置一会。

20 将炸好的鸡肉放到滤油网上沥油。在将鸡肉放到厨房用纸上之前要先沥一遍油，这样鸡肉才不会油腻。

POINT!

为什么要选择比较耗时的低温油炸？

如果调味汁中的酱油含量较多的话，面衣就会比较容易上色，很容易误判为鸡肉已经炸熟。所以为了确保鸡肉能够充分炸熟，需要在低温下仔细炸5~6分钟。

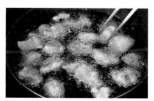

16 当鸡肉表面炸成金黄色时用长筷将鸡肉翻面。翻面后也同样地先不要翻动鸡肉，静置5~6分钟。

21 接着把鸡肉放到铺有厨房用纸的滤油网上，让多余的油被吸收掉。沥油时鸡肉尽量不要重叠在一起。

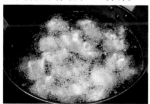

油炸时火候应该保持在小火和中火之间，慢慢地进行长时间的油炸。

炸鸡块的
变形

如果想吃清爽的酸甜口味

油淋鸡

所需时间 **45** 分钟

※ 不包含鸡肉放置的时间

材料（2人份）

鸡腿肉…300 g
猪牙花淀粉…适量
煎炸油…适量

腌渍调味汁
菠萝（罐装）…1 片
酒…1 大勺
酱油…1 小勺
盐、胡椒粉…各适量

酸甜香味酱汁
大葱（葱白部分）…15 g
生姜…10 g
香芹…1 枝
绿紫苏…2 片
酱油…3 大勺

醋…3 大勺
芝麻油…2 小勺
菠萝（罐装）汁…从上述的罐装
菠萝中盛出 2 大勺

配菜
花生…1 大勺
黄瓜…1/2 根（50 g）
芹菜…40 g
番茄…1/2 个（100 g）

菜品搭配建议

· 甜面酱韭菜咸笋
· 中式圆白菜竹笋汤

处理鸡肉

1 在鸡腿肉的表皮上划几刀。这样鸡肉会更容易入味，更容易熟。也可以用叉子在鸡腿肉上戳几个洞。

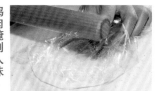

2 将鸡腿肉翻过来并切掉多余的筋，然后将鸡肉切成两半。如果肉里留有软骨的话需要将软骨取出。

鸡肉腌制入味

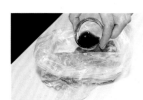

3 制作腌制调味汁。将菠萝放到塑料袋中并用擀面杖敲打菠萝。菠萝中的酵素会让鸡肉变软。

4 将鸡肉、酒、酱油、一小撮盐和少许胡椒粉加入步骤 3 中的塑料袋中。

5 隔着塑料袋进行揉搓。然后将塑料袋移到阴凉处放置 30 分钟左右。

制作酸甜香味酱汁

6 将大葱和生姜切成碎末。

11 将芹菜也像黄瓜那样用削皮器削成薄片。

16 当没有气泡冒出时用竹扦扎鸡肉，如果流出的汁液是透明的说明鸡肉已经炸好。

7 将香芹用水洗净后沥干水，然后切成碎末。切掉绿紫苏的茎，将2片绿紫苏叠在一起并竖着卷成卷，然后从边缘开始切成碎末。

12 将削好的黄瓜和芹菜放入冰水里浸泡5~6分钟，让其更加新鲜、爽口。

17 将炸好的鸡肉斜放到置有滤油网的方盘里，仔细沥除油。将鸡皮朝上放置，这样鸡皮会比较酥脆。

8 将酱油、醋、芝麻油、罐装菠萝的汁、大葱和生姜放到容器里拌匀。将香芹和绿紫苏分开放置。

13 轻轻地将番茄洗净，然后切成2~3 mm厚的薄片。

18 沥除油后将鸡肉放到铺有厨房用纸的方盘里，继续让多余的油被吸收。

制作配菜

9 将花生切碎。可以用经过烤箱烤制的花生，也可以用当作零食吃的花生。

炸鸡肉

14 在鸡肉上涂满猪牙花淀粉。涂满整片鸡肉，最后将多余的淀粉敲落。

装盘

19 将香芹和绿紫苏放入步骤8中的酸甜香味酱汁里。由于绿色蔬菜比较容易变色，所以可以在装盘前再放进去。

10 将黄瓜的头部和根部切掉，把黄瓜放到菜板上搓揉，然后用削皮器将黄瓜削成薄片。

15 将鸡肉放入180℃~190℃的油中炸5~6分钟。中途需要翻面，让两面炸得一样均匀。

20 将切开的鸡肉和作为配菜的蔬菜装盘，然后将步骤9中的花生和步骤19中的酸甜香味酱汁放到旁边备用。

与油炸食品非常匹配的各种蘸盐

可以试着搭配天妇罗、炸鸡块、烤鸡等各种料理来食用！

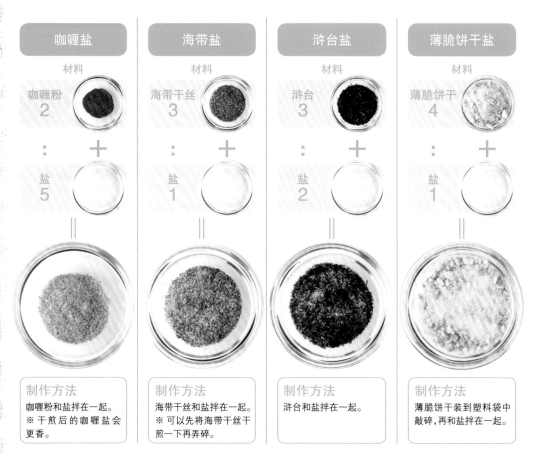

咖喱盐	海带盐	浒苔盐	薄脆饼干盐
材料	材料	材料	材料
咖喱粉 2	海带干丝 3	浒苔 3	薄脆饼干 4
： +	： +	： +	： +
盐 5	盐 1	盐 2	盐 1

制作方法
咖喱粉和盐拌在一起。
※ 干煎后的咖喱盐会更香。

制作方法
海带干丝和盐拌在一起。
※ 可以先将海带干丝干煎一下再弄碎。

制作方法
浒苔和盐拌在一起。

制作方法
薄脆饼干装到塑料袋中敲碎，再和盐拌在一起。

除了可以调味外，食盐本身也有很多讲究

　　食盐除了可以增加咸味外，还可以起到让食物更加美味、提高食物保存性的效果。食盐中既有像精制盐那样的细粒盐，也有像粗盐和岩盐那样的未经加工的粗粒盐。细粒盐一般是在做菜的收尾阶段用来调味，粗盐一般是在炖煮料理或焯菜时使用。

　　此外，最近还有很多采用稀有的提取方法或精制方法制作的食盐。例如法国布列塔尼地区的盐田出产的盖朗德盐，由于没有经过清洗就直接出厂，所以是泛着灰色的粗粒盐。冲绳的生命之盐采用了特殊的制盐法，所以颗粒比一般的精制盐更细，并且包含21种矿物质。

　　使用以上这些食盐时，混入几种干燥香草后便可以制成香草盐，加入任意一种中式香辛料就可以制成具有中式风味的调味盐，比如加入花椒粉就可以制成花椒盐，使用这样一些食盐时可以赋予料理更多样的味道。

炖鲽鱼

加入牛蒡和生姜提升汤汁的香味

｜增加拿手菜｜

可以将剩下的鱼肉弄碎后连带汤
汁一起拌到饭中做成菜饭。此外，
还可以在剩下的鱼肉里放入蔬菜
做成鸡蛋汤菜或芝麻拌菜，也可以
和豆腐渣一起炒着吃，这样剩菜也
可以变得很美味。

变形

使用鱼块制作

炖鳕鱼

制作方法 → P60

炖鲽鱼

材料（2 人份）

炖鲽鱼

鲽鱼（小）…2 条
生姜…80 g
酒…100 mL
酱油…50 mL
料酒…50 mL
砂糖…3 大勺

配菜

牛蒡…1/4 根（50 g）
四季豆…6 根（60 g）

菜品搭配建议

· 茶碗蒸
· 醪糟根菜

所需时间 40 分钟

3 将牛蒡切成 7~8 cm 长的段后再切成四半。为了统一大小，可以将比较粗的段切成六半，比较细的部分切成两半。

4 把牛蒡放到含有醋水（分量外）里浸泡以去除涩味，然后用水冲洗干净。

收拾鲽鱼

5 去掉鱼鳞和鱼表面的黏液。用手拿住鱼头，然后从尾部向头部移动菜刀将鳞片刮掉。

8 将手指从切口处伸进去，把鱼鳃和内脏全部拽出来。要慢慢地拽出来，以免中途断掉。

9 用流水冲洗切口的地方并用竹扦将剩余的内脏挖出来。

10 沥干鲽鱼表面的水，在肉比较厚的地方划出刀口。用菜刀在鱼的中央和两侧划出刀口，刀口的深度要到达鱼骨附近。

处理配菜

1 摘掉四季豆的豆角弦，然后将四季豆放入含有 1% 盐（分量外）的热水中焯，再捞到笊篱里并用手扇风让四季豆尽快冷却。

2 用刷帚将牛蒡洗净。由于牛蒡的表皮富含风味，所以不要用刀等工具将表皮全部削掉。

6 将鱼翻过来用同样的方法来刮去鳞片。不时地用手摸一下鱼的表面，检查鳞片是否完全被刮掉。

7 取出鲽鱼的内脏。如图所示用刀在鱼的内侧腹部划出 4~5 cm 长的口。

炖煮生姜和牛蒡

11 准备一个正好能装下鲽鱼的具有特氟隆涂层的煎锅。可以在加热前先将鲽鱼摆放到锅中，看看大小是否合适。

12 将生姜切成 2~3 mm 厚的薄片，仔细洗净后带皮切。

13 将酒、酱油、料酒、砂糖和生姜放入锅中并用大火加热。

14 然后将沥干水的牛蒡也放入锅中。在放入鲽鱼前将生姜和牛蒡煮熟可以增加汤汁的香味。

15 汤汁煮沸后将火调成中火，把生姜和牛蒡拨到旁边后将鲽鱼放入锅中。如果在未煮沸前就将鲽鱼放入会产生腥臭味。

16 倾斜煎锅，把汤汁浇到鲽鱼上。炖煮时鲽鱼的表面朝上放置，但不能翻面以免将鱼弄碎。

17 用烘焙纸裁出一个纸锅盖。先将烘焙纸折叠成放射状，然后将纸剪成煎锅的半径长度。

炖煮鲽鱼

18 剪掉纸尖部分，然后再剪出几个小眼作为空气眼。

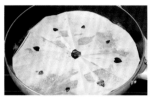

19 将烘焙纸摊开盖在食材上，继续炖煮5分钟左右。如此汤汁会产生对流，即便汤汁比较少也可以保证鲽鱼全部入味。

20 5分钟后取下烘焙纸，不停地将汤汁浇到鱼肉较厚的部分煮3分钟左右。此时鱼皮比较容易破掉，浇汁时不要碰到。

21 将煎锅中的鲽鱼盛放到盘子里。取出生姜，将汤汁煮到黏稠。

装盘

22 将步骤1中的四季豆切成与牛蒡差不多的长度。

23 将煮黏稠的汤汁浇到盘中的鲽鱼上。再将牛蒡和四季豆摆放在鲽鱼旁。在装盘前要将四季豆放到步骤1中的热水中温一下。

POINT!

为什么要在鲽鱼上划刀口？

这是因为划出刀口后可以防止表皮破损，鱼肉也更容易煮熟，鱼骨的香味会进入到汤汁中，鱼也更容易入味。

划的时候用手指将鱼肉稍微掰开一些，看看切口的深度是否到达脊骨附近。

✗ Mistake.

鲽鱼很难煮熟时

选择可以正好放下两条鲽鱼的煎锅。如果锅太大汤汁就会蒸发，所以最好准备一个适当大小的锅。

比起锅底特别大的锅，最好使用放进鲽鱼时尾鳍稍微折起来的锅。

59

炖鲽鱼的
变形

使用鱼块制作

炖鳕鱼

所需时间 **35** 分钟

材料（2 人份）

炖鳕鱼

鳕鱼…2 块
淡酱油…3 大勺
酒…3 大勺
料酒…1½ 大勺
砂糖…1½ 大勺
水…5 大勺
盐…适量

配菜

烤豆腐…1/4 块
菠菜…20 g
胡萝卜…10 g
香菇…2 个
大葱（葱白部分）…1/2 个（60 g）

菜品搭配建议

· 鸡蛋豆腐
· 清汤蔬菜丝

处理鳕鱼

1　如果鳕鱼的盐分较重的话，需要将鳕鱼放到装有水的方盘中以去除盐分。

2　用湿毛巾擦拭方盘，往方盘上撒上盐后将鳕鱼放到上面，然后再往鳕鱼上撒一些盐。最后将方盘倾斜放置一段时间。

3　当鳕鱼中的水分出来后，用水将鳕鱼表面的盐冲洗掉，然后用毛巾或厨房用纸将鳕鱼表面的水擦干。

处理配菜

4　将菠菜放入含有 1% 盐（分量外）的热水中焯。然后将菠菜捞到笊篱里尽快冷却，再挤干水，将菠菜切成 3~4 cm 长。

5　削掉胡萝卜的皮，将胡萝卜切成 5 mm 厚的圆片，然后用自己喜欢的切模将胡萝卜切成好看的形状。如果没有切模的话直接使用胡萝卜片也可以。

6 去掉香菇的根，在香菇的表面切出装饰花纹。这样香菇会比较容易入味。

7 将大葱切成3~4 cm长的葱段。

8 将烤豆腐切成一口大小。每块豆腐上都要留有带着焦痕的那一面。

炖煮鳕鱼和配菜

9 将淡酱油、酒、料酒、砂糖和水倒进煎锅中煮沸。

10 将胡萝卜和香菇放到锅中煮。先把比较不容易熟的蔬菜放到锅里。

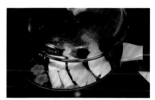

11 放入鳕鱼和大葱，浇上煮沸的汤汁，炖煮过程中，可用锅盖按压卷起的鳕鱼。

12 盖锅盖煮7~8分钟。边煮边浇汤汁，煮熟后的鳕鱼比较容易碎，所以尽可能少翻动鱼。

13 当鳕鱼几乎煮熟时将烤豆腐放到锅里温热。

14 一边往鳕鱼上面浇汁一边将汤汁煮至黏稠。

装盘

15 将步骤4中的菠菜放入锅中煮至入味。然后把鳕鱼和蔬菜盛到盘子里并浇上汤汁。

Mistake

不要将鳕鱼弄断

如果不仔细处理的话鳕鱼很可能会断掉。尤其是不要只拿着鱼身的中央，不要用细筷子夹鱼，这样鱼由于自身的重量会很容易折断，所以一定要注意。把鳕鱼盛到盘子里时要用锅铲或刮铲等较大的工具将鳕鱼一下子翻过来。

如果拿住鳕鱼的边缘或鱼身中央，鱼身有可能会断开。

将鳕鱼放到平口盘中，一手拽住鳕鱼将鳕鱼滑到锅里是最妥当的方法。

POINT!

如果鱼身发生弯曲，要盖上小锅盖

炖煮过程中鱼肉会变紧绷。如果鱼身发生弯曲可以盖上小锅盖轻轻按压，这样炖煮一段时间，让鳕鱼能够不弯曲地被炖熟。

盖上小锅盖并轻轻按压。

了解日本料理中必不可缺的 4 种调味料

彻底剖析日式调味料的作用和效果

酱油

酱油除了可以增加料理的味道和浓郁度外，还可以起到上色以及去除食材腥臭味的效果。

用途! 调节味道

汤浅酱油 900 mL/1260 日元（含税）（小原久吉商店）

在炖煮料理的收尾阶段加入酱油可以让菜肴更加香醇浓郁。

料酒

含有酒精，除了可以补充甜味外，还可以增加菜肴的风味和浓郁度，让料理的味道更加温和。

用途! 增加色泽

福来纯 窖藏三年的本料酒 500 mL/767 日元（含税）（白扇酒造）

将料酒倒在照烧食材的表面，可以提升菜肴的色泽，同时还可以消除食材的腥臭味。

米酒

会给料理增加风味、浓郁度和香味。与料酒相比最好使用由大米、米曲和水酿制的纯米酒。

用途! 增加风味

纯米酒 900 mL/724 日元（含税）（沢之鹤）

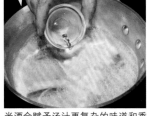

米酒会赋予汤汁更复杂的味道和香味。

醋

易变色的食材浸泡到醋里可以防止食材变色。用醋做成的腌菜等可以长期保存。

用途! 浸泡食材

千鸟醋 900 mL/641 日元（含税）（村山酿醋）

醋是制作醋拌凉菜或醋腌食品时必不可少的，可以为食材增添酸味和清爽的香味。

要按顺序加入调味料

您知道日本料理中的五味料理法是什么意思吗？五味是指糖、盐、醋、酱油和味噌，调味时要最先放糖，其余调味料要稍后再放。

与盐相比，糖渗入食材的速度要慢一些，所以在放盐之前要先放糖。而醋、酱油和味噌都是有香味的，为了防止加热时间过长调味料的香味和风味被煮飞，要晚一些再加入。如果先将这些调味料放进去，食材就会被收紧、变硬。

制作日式料理时，除了"糖、盐、醋、酱油、味噌"这些必不可少的调味料外，清酒和料酒也是经常要用到的日式调味料之一。两者都含有酒精成分，在用于凉拌时要先将酒精煮飞再放到料理中调味。但如果想消除炖鱼等料理的腥味，就要直接将酒倒进食材中，让酒的香味能够进入到食材中。

照烧鲥鱼

让菜肴味道浓郁的秘诀是要一边刷酱汁一边煎烤

| 增加拿手菜 |

照烧酱的味道比较浓郁，所以也可以用来烹制脂肪含量较高的鱼或肉。与鲣鱼、鲑鱼、汉堡肉饼、肉丸子等食材也比较搭，所以可以将做好的照烧酱保存起来，这样使用起来也比较方便。

变形

照烧酱和鸡肉的搭配

照烧鸡肉、照烧汉堡
制作方法→ P66

照烧鲕鱼

材料（2 人份）
鲕鱼…2 块（90 g×2）
盐…适量
照烧酱
酱油…1½ 大勺
料酒…1/2 大勺
砂糖…1½ 大勺
配菜
灯笼椒…4 个（16 g）
蟹味菇…1/4 包（50 g）

菜品搭配建议
· 水菜杂鱼煮
· 南瓜芜菁味噌汤

所需时间 **25** 分钟

处理鲕鱼

1 处理鲕鱼。用湿毛巾擦拭方盘，然后在方盘上撒满盐。将盐均匀地撒在方盘上。

2 把鲕鱼放到方盘中，然后再往鱼肉上撒些盐。从 30 cm 高的地方撒盐，这样盐可以均匀地撒在鱼肉上。

3 将方盘倾斜放置一会。放置 10 分钟左右让鱼肉中多余的水流出来。如果比较在意鱼腥味的话也可以把鲕鱼泡在热水里。

处理配菜

4 切掉灯笼椒的抽枝，只留下 1 cm 左右。

5 切掉蟹味菇的根部。注意不要切太多，留下可以吃的部分。

6 用菜刀将蟹味菇切分成几份，然后分别将每一份蟹味菇的根部都清理干净。

制作照烧酱

7 将酱油、料酒和砂糖放到另一个方盘中。使用能将鲕鱼正好装进去的容器。

8 用勺子轻轻搅拌促进砂糖融化。

将鲕鱼腌渍入味

9 上图为水已经流出来的鲕鱼。当鲕鱼中流出的水达到图中的量时即可将鲕鱼拿出。

10 当多余的水流出后，用厨房用纸或毛巾将鲕鱼擦干。

11 仔细擦干水后，鱼皮朝上将鲕鱼放到步骤 8 中的方盘里。让鱼块沾满照烧酱。

12 当鱼块内侧渗入酱汁后将鱼块翻面，让酱汁也渗入到鱼皮一侧。

13 在烤鱼用的烤架上抹上色拉油（分量外），托盘中装上水，然后用大火加热。先将烤架加热，这样鱼就不会粘在上面了。

14 将沥干水的鱼摆到烧烤架上，中火两面各烤两分钟，烤成金黄色。

15 当鰤鱼块的两面都烤成金黄色后取出鰤鱼块，再将鰤鱼块浸到酱汁里。让鰤鱼块的内外两面都沾满酱汁。

16 将沾满酱汁的鰤鱼块再次放回到烤鱼架上。

17 把作为配菜的灯笼椒和蟹味菇也放到烤鱼架上。然后用小火烤2分钟左右。

18 2分钟后打开烤架盖，将照烧酱浇到鰤鱼块、灯笼椒和蟹味菇上面。

19 再继续烤2分钟并再次将照烧酱浇到鰤鱼块、灯笼椒和蟹味菇上面。以上操作再重复1~2次。

装盘

20 当鰤鱼块烤得恰到好处时，将其从烤架中取出并装到盘子里。然后将灯笼椒和蟹味菇摆到鰤鱼块的旁边。

21 把照烧酱倒进煎锅中并用大火煮。

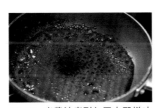

22 当酱汁煮到如图中那样咕嘟咕嘟冒泡，酱汁变浓稠时即可停止加热。

23 将煮浓稠的酱汁淋在鰤鱼块上。

POINT!

从高处均匀地撒盐

为了消除鱼肉的腥味，关键是避免撒在方盘和鰤鱼块上的盐凝结在一个地方，要将盐均匀地撒到整个方盘和全部鱼块上。从距方盘30 cm高的地方撒可以让盐分布得更均匀。

用湿毛巾擦拭方盘后再将盐均匀地撒到方盘上。

去除鰤鱼的腥味

像鰤鱼这种红肉比较多的鱼腥味会比较重，所以一定要仔细处理。如果担心撒盐后腥味还是比较重的话可以将鰤鱼块放到热水里烫一下。为了防止鱼皮剥落，需要盖上小锅盖，接着倒入80℃的热水烫一下，然后马上将鰤鱼块转移到冰水中。

将取出的鰤鱼块放到冰水里以收紧鱼身，去掉鱼块上的血和残余的鳞片后擦干鱼块上的水。

照烧鲕鱼的变形

照烧酱和鸡肉的搭配

照烧鸡肉、照烧汉堡

所需时间 **35** 分钟

材料（2 人份）

鸡腿肉…300 g	配菜
色拉油…1 小勺	洋葱…1/2 个（100 g）
盐、胡椒粉…各适量	红色彩椒…1/4 个
照烧酱	黄色彩椒…1/4 个
酒…2 大勺	生菜…2 片（60~90 g）
酱油…1 大勺	汉堡包
番茄酱…1 大勺	汉堡面包…2 个
伍斯特辣酱油…2 大勺	蛋黄酱…1 大勺
蜂蜜…1 大勺	

菜品搭配建议

· 海带色拉
· 鲜虾扇贝汤

处理配菜

1 去掉洋葱心，将洋葱切成 1 cm 厚的圆片。

2 将黄色彩椒和红色彩椒也同样地切成 1 cm 厚的圆片。

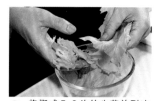

3 将撕成 5~6 片的生菜放到冰水中浸泡 5~6 分钟，让生菜更加鲜嫩。

处理鸡肉

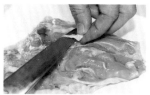

4 去掉鸡腿肉上多余的皮和脂肪并切掉筋。提前处理好鸡腿，这样吃起来会比较方便。

5 鸡皮朝上放置，用叉子在鸡腿上插几个孔。这样在煎烤的时候多余的油脂就会从孔中流出，鸡腿也更容易煎熟。

11 再次翻面让鸡皮朝下，盖上锅盖蒸烤5分钟左右。

16 取出煎锅中的鸡肉并将鸡肉切成1 cm厚的块。

制作照烧酱

6 将鸡肉放到方盘里并撒上少许盐和胡椒粉。然后用手按压将盐和胡椒粉涂满整只鸡腿。

7 将酒、酱油、番茄酱、伍斯特辣酱油和蜂蜜倒入容器中并搅拌均匀。

12 用竹扦扎一下肉较厚的部分，如果有透明的汁液流出说明鸡肉已经烤好了。

17 将切鸡肉时留在菜板上的肉汁倒回到锅中。将锅中的酱汁煮至黏稠。肉汁非常美味，所以尽量不要剩下，要全部用掉。

煎烤鸡肉和配菜

8 将色拉油倒入煎锅中并用中火加热。将洋葱和彩椒放入锅中炒1分钟左右。两面都要煎炒到，然后将洋葱和彩椒盛出。

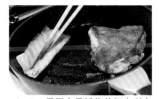

13 用厨房用纸将煎锅中剩余的油擦干净。如果油没有清理干净酱汁就不能很好地融入鸡肉里，而且还会变得油腻。

18 将洋葱、彩椒、生菜和切好的鸡肉一起装盘。

9 将鸡肉放到同一个煎锅中用中火煎烤。将鸡肉的鸡皮朝下放入锅中。煎烤时要不时地用长筷按压鸡肉。

14 将鸡肉拨到旁边，把步骤7中的照烧酱倒进锅中空余的地方。

照烧汉堡

按顺序将生菜、红色彩椒、洋葱、黄色彩椒、照烧鸡肉放到汉堡面包上。然后再浇上煮干的酱汁和蛋黄酱，最后用汉堡面包夹住即可。

10 当鸡皮烤至金黄色时将鸡肉翻面。如果鸡肉发生弯曲的话用锅铲等按压鸡肉，让鸡肉能够烤出均匀的颜色。

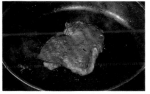

15 煎烤时要让鸡肉两面沾满酱汁。先让鸡肉那一面沾满酱汁，翻面后再让鸡皮那面也沾满酱汁。

材料的大小要配合汉堡面包的尺寸，也可以将食材切成自己喜欢的大小。

腌渍后煎烤即可！腌鱼用酱汁

下面向大家介绍制作可提前备的菜肴时使用的腌渍酱汁

 日式 幽庵酱汁

 西式 鳀鱼 & 罗勒橄榄油酱汁

 **中式** 中式八角干虾酱汁

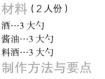
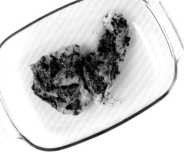

材料（2人份）
酒…3 大勺
酱油…3 大勺
料酒…3 大勺

制作方法与要点
将酒、酱油和料酒搅拌均匀，然后把划有刀痕的鱼贝类放到里面腌制 1 小时以上。

※ 加入柚子切片后可以制成柚庵，加入切碎的花椒嫩芽后可以制成花椒嫩芽庵，加入味噌的话可以制成味噌庵。

> **适合料理的鱼贝类**
> 秋刀鱼、银鳕鱼、鲑鱼、虾、扇贝、乌贼等。

材料（2人份）
罗勒…10 g
大蒜…1/2 瓣
鳀鱼酱…3/4 小勺
橄榄油…1 大勺
盐、胡椒粉…各适量

制作方法与要点
将罗勒和大蒜切成碎末，把所有的材料搅拌均匀。将少许的盐和胡椒粉涂抹到鱼贝类上，腌制 30 分钟以上。

> **适合料理的鱼贝类**
> 鲈鱼、鲷鱼、烟熏三文鱼、比目鱼、章鱼等。

材料（4人份）
干虾…5 只
八角…1 个
酒…2 大勺
酱油…2 大勺
砂糖…2 大勺
鸡架汤…300 mL

制作方法与要点
将干虾和八角干煎一下，煎出香味后加入其他调味料煮沸。冷却后放入鱼贝类腌制 30 分钟以上。

> **适合料理的鱼贝类**
> 鲑鱼、虾、扇贝、银鳕鱼、杂色鲍、花蛤等。

更加灵活地运用腌渍料理

处理每天的做饭问题和保存统一采购的食材是非常困难的。而"腌渍"这种料理方法却能一下子将这两个问题都解决掉。腌渍不仅能够延长食材的保存期限，腌渍后的食材只要煎烤一下就可以吃了，还可以节省烹饪时间。

酱油和油具有杀菌防腐的作用，所以用调味料腌渍后的食材可以保存较长的时间。此外，使用解冻的鱼或肉做完菜后，还需要将剩下的食材再次冷冻，这也是非常麻烦的。如果将剩下的食材浸渍入味的话就可以冷藏保存一段时间。

腌渍青花鱼、秋刀鱼这类的青鱼时需要使用加入香辛料或味道比较重的腌渍酱汁。相反，如果是腌渍白身鱼的话，为了防止鱼肉上色则需要使用颜色较淡的酱汁。此外，如果想制作味道比较淡的料理的话，可以取少量酱汁，一边涂抹一边烤制；如果想制作西式风味的料理的话，需要使用含有香草或橄榄油的酱汁。

第2章

肉类料理

做菜的基础知识②

制作肉类料理前需要了解的事项

将肉解冻后，采用比较容易操作的保存方法以提高烹饪效率

采取相应的方法处理完不同种类的肉后再进行保存

　　将肉仔细地处理好后再冷冻起来，这样肉的保存时间会超出你的想象。鸡肉是所有肉类中最容易腐坏的。所以保存时要先去掉鸡肉中多余的水，然后将鸡肉洗净并擦干表面的水再将鸡肉保存起来。此外，如果将整块鸡腿肉或鸡胸肉直接保存起来解冻时会比较费时间，所以最好先将肉切成一口大小，再将切好的鸡肉平放到保存袋里冷冻即可。

　　保存猪肉或牛肉时则要根据肉的形状来相应地改变保存方法。其中肉馅是比较容易腐坏的，所以如果是第二天或者以后用的话就不能冷藏保存，而是要将肉馅冷冻起来。最保险的办法就是将肉馅放到保存袋里并摊成薄薄的一层或者将肉馅揉成肉团煎熟后再冷冻保存。五花肉要放到保存袋里密封起来，厚片肉要用保鲜膜分别包起来后再冷冻，这样解冻也会比较方便。

　　解冻生肉时要将肉放到冷藏室自然解冻。因为用微波炉等快速解冻时肉的鲜味会随着肉汁一起流出来。

营养数据

牛肉

富含蛋白质和铁，尤其是铁的含量要比猪肉丰富。蛋白质有助于提高人体的抵抗力。

猪肉

富含蛋白质和 B 族维生素。维生素的含量是牛肉的 10 倍，能够帮助人体缓解疲劳。

鸡肉

富含蛋白质，与其他肉类相比口味清淡，热量低。同时还富含能够增强黏膜的维生素 A。

保存方法

用保鲜膜将厚片肉逐个包起来

用保鲜膜将厚片肉逐个包起来，这样解冻起来会比较方便，能够保存一个月左右。

鸡胸肉可以用酒蒸一下

将酒淋到鸡胸肉上后用微波炉加热一下，然后把用酒蒸过的肉冷冻起来，可以保存 2 周左右。

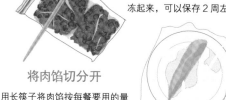

将肉馅切分开

用长筷子将肉馅按每餐要用的量划切分开，用的时候更方便。肉馅可以冷冻保存 2 周左右。

将肉馅加热后再冷冻

将肉馅做成汉堡肉饼或肉丸子的形状后煎熟，这样吃的时候稍微烹饪一下就可以了，能够保存 1 个月左右。

炸肉丸

将面包粉筛细后做出的炸肉丸才会酥脆

| 增加拿手菜 |

炸肉丸以肉馅为原料制成。如果有事先准备好的汉堡肉饼或圆白菜卷的肉馅，也可以利用这些肉馅轻易地做出炸肉丸。

炸肉丸

材料（2 人份）

炸肉丸

牛肉和猪肉的混合馅料…150 g

洋葱…40 g

生面包粉…16 g（比较干燥时 10 g）

牛奶…20 mL

鸡蛋…20 g

肉豆蔻…一小撮

A ┌ 鸡蛋…1 个
　├ 色拉油…1 小勺
　└ 水…1 大勺

黄油…1 大勺

面包粉、低筋面粉、煎炸油…适量

盐、胡椒粉…各适量

猪排酱

洋葱…50 g

胡萝卜…30 g

芹菜…20 g

苹果…40 g

洋李脯（无核）…20 g

大蒜…1/2 瓣

生姜…1/2 片

水煮番茄（罐装、整个）…75 g

肉豆蔻…少许

红葡萄酒…50 mL

红葡萄酒醋…20 mL

鸡肉清汤（参照 P20）…400 mL

红糖…20 g

百里香…1 枝

月桂…1 片

黄油…1 小勺

色拉油…1 小勺

粗盐（或食盐）、胡椒粉…各适量

配菜

柠檬…1/2 个

水果沙拉

生菜…50 g

橙子…1/4 个（50 g）

小番茄…4 个（40 g）

蛋黄酱…1 小勺

柠檬榨汁…1 小勺

橄榄油…2 小勺

盐、胡椒粉…各适量

制作猪排酱

1 将大蒜和生姜切成碎末，将洋葱、胡萝卜、芹菜、苹果和洋李脯切成 5 mm 的小块。

2 将黄油和色拉油放到用中火加热的煎锅中，放入大蒜和生姜翻炒。然后将步骤 1 中剩下的蔬菜放入锅中翻炒。

3 加入肉豆蔻轻轻翻炒均匀，然后加入红葡萄酒和红葡萄酒醋，一边用硅胶铲轻刮锅底，一边搅拌。

4 将用筛子过滤后的水煮番茄倒入锅中。用鸡肉清汤将残留在容器中的番茄冲到锅里，然后放入红糖。

菜品搭配建议

· 南瓜沙拉
· 豆汤

所需时间 80 分钟

制作炸肉丸的肉馅

5 加入一小撮粗盐和少许胡椒粉搅匀，然后放入百里香和月桂。一边捞出浮沫，一边将酱汁煮至浓稠，煮 50 分钟左右。

制作猪排酱

6 将生面包粉、牛奶和搅匀的蛋液倒在一起搅拌均匀。

7 在大火加热的煎锅中放入黄油，放入洋葱碎快速翻炒。将炒好的洋葱盛到碗中，放到冰水中冷却。

8 去除余热后加入牛肉和猪肉的混合馅料、肉豆蔻、一小撮盐和少许胡椒粉。

9 用硅胶铲将所有的材料都搅拌均匀并分成八等份。注意不要搅拌过度。

10 手上涂些色拉油(分量外)，将肉馅揉成高尔夫球的形状。像棒球的投接球练习那样一边排气，一边将肉馅揉圆。

11 将筛子叠放到大碗上，倒入面粉筛入碗中。如果面包粉太粗炸的时候就会特别吸油而导致变重。

12 将A、少许盐和胡椒粉倒入容器中并搅拌均匀。由于加了水，所以在步骤14中混入低筋面粉也不会形成黏稠的面衣。

13 用过滤漏斗过滤。一边用硅胶铲按压漏斗，一边过滤。过滤后的蛋液会更加顺滑，可以均匀地附着在肉丸上。

14 将低筋面粉均匀地涂在步骤10的肉饼上。敲掉肉丸上多余的面粉后再沾满蛋液。如果面粉太多就沾不上蛋液。

15 将步骤11中的面包粉均匀地沾到上面。敲掉上面多余的面包粉。

制作猪排酱

16 取出步骤5酱汁中的百里香和月桂，将酱汁倒在碗中并坐到冰水里去除余热。不要直接将热酱汁倒进搅拌器中。

17 将酱汁倒进搅拌器中搅拌至完全看不到蔬菜的形状。酱汁变成黏糊状后，倒容器中。也可以将酱汁装罐保存。

炸肉饼

18 将肉丸放到180℃的油中炸。放置一会儿。如果马上翻动肉丸可能会碎掉，所以要等到肉丸表面凝固后再翻动。

19 当肉丸炸成淡淡的金黄色时用煎炸网翻动肉丸。一边翻动肉丸，一边将肉丸炸均匀。

20 当将整个肉丸炸成金黄色后用煎炸网将肉饼捞出来，仔细滤去油。

制作配菜

21 将柠檬切成半月形，去掉芯和种子。为了便于挤汁在柠檬片上划2~3刀。

制作水果沙拉

22 将蛋黄酱、柠檬汁和橄榄油倒入容器中搅拌均匀。然后加入少许盐和胡椒粉进行调味。

23 撕碎生菜，橙子果肉切成2cm大的块，小番茄去蒂、对半切开，一起放到碗中搅拌均匀。

24 将步骤22中的调味汁倒入碗中拌匀。将炸肉丸装到盘子里，淋上步骤17中猪排酱，然后将水果沙拉和步骤21中的柠檬摆到旁边。

可以轻松制成的速成酱汁的制作方法

即使是和平常一样的料理，只要改变酱汁就不会吃腻

甜辣鸡蛋酱汁	粒状芥末酱汁	酸奶酱汁

材料（2人份）

洋葱…15 g
煮鸡蛋…1 个
甜辣酱…2 大勺
蛋黄酱…20 g
盐、胡椒粉…各适量

制作方法

将煮鸡蛋切碎，然后加入蛋黄酱和甜辣酱拌匀。接着再放入切碎的洋葱并搅拌均匀，最后加入少许盐和胡椒粉调味。

材料（2人份）

西式甜泡菜…10 g
番茄酱…3 大勺
粒状芥末…2 小勺
盐、胡椒粉…各适量

制作方法

将西式甜泡菜切成碎末并沥干水。将西式甜泡菜、番茄酱、粒状芥末搅拌均匀，然后加入少许盐和胡椒粉进行调味。

材料（2人份）

番茄…10 g
香菜…1 根
刺山柑…5 g
农家奶酪…40 g
原味酸奶…2 大勺
EXV 橄榄油…1/2 大勺
盐、胡椒粉…各少许

制作方法

剥掉番茄皮并去除种子后将番茄切成 5 mm 的小块，然后沥干水。将香菜切碎，刺山柑大略切碎。把所有材料放到一起搅拌均匀。

适合搭配的料理	适合搭配的料理	适合搭配的料理
炸鸡块、炸薯片、沙拉、蛋包饭、炒虾等。	香草、热狗、杂样煎饼等。	生春卷、炖猪肉、红酒蒸海鲜、冷牛肉沙拉等。

活用"沉睡"在冷藏室里的酱汁

许多人都习惯蘸着伍斯特辣酱吃炸肉饼等油炸食品。在制作杂样煎饼或炒面时也可以用伍斯特辣酱简单地调味，这是一款非常受欢迎的调味酱。这款调味酱起源于英国的伍斯特市，所以才被人们称作"伍斯特辣酱"。在它的起源地英国，伍斯特辣酱是由鳀鱼、罗望子、青葱、丁香等熬煮而成，与日本人熟悉的伍斯特辣酱略有不同。

日本的伍斯特辣酱中加入了番茄和洋葱这两种蔬菜以及黑胡椒粉、肉豆蔻和辣椒等香辛料，是将这些材料放到汤汁中，再加入酱油、醋和砂糖等熬煮而成的。

在日本人们大多习惯将伍斯特辣酱淋到料理上来吃，但也不妨尝试一下用它来调味。比如可以用它来给意大利面酱、炒饭、炒蔬菜等来调味，也可以把它当作炖猪肉的调味料，还可以把它和酱油、味噌搅拌在一起制成腌渍酱汁等。

肉类料理 02

迷迭香风味烤猪肉

将猪肉恢复到室温后再将猪肉完全烤熟

|增加拿手菜|

使用的香草不限于迷迭香，也可以
用百里香和鼠尾草的组合来烤，用
丁香烤的话香气会更好。墨角兰等
其他香草也非常适合用来烤猪肉。

迷迭香风味烤猪肉

材料（2 人份）

猪肩里脊肉（块状）…350 g

黄油…1 大勺

盐、胡椒粉…各适量

腌渍酱汁

迷迭香…1 枝

大蒜…1 瓣

橄榄油…1 大勺

盐、胡椒粉…各适量

配菜

新土豆…100 g

红色彩椒…1/2 个（75 g）

薯蓣…100 g

盐、胡椒粉…各适量

迷迭香…1 枝

菜品搭配建议

· 菠菜奶酪沙拉
· 番茄汤

所需时间 **75** 分钟

制作腌渍猪肉的酱汁

1 将迷迭香的叶片从茎上摘下来并将叶片切成细末。用擦菜板将大蒜擦碎。将猪肩里脊肉恢复到室温。

2 在肥肉部分划上刀口。划刀口时刀口要稍微切入瘦肉部分。将肥肉和瘦肉之间的筋切断，这样烤的时候肉就不会收缩。

3 将盐和胡椒粉均匀地撒到肉上。

4 将橄榄油、迷迭香和大蒜放到猪肉上。也可以将猪肉和腌渍材料放到塑料袋里并用手仔细揉搓。

5 一边翻动方盘中的猪肉，一边让猪肉沾满腌渍材料。

6 仔细按压猪肉，保证腌渍材料能够进到刀口里。

7 用手摸一下猪肉，如果猪肉还是很凉的话需要放置一段时间并用手按压猪肉，让猪肉恢复到室温。如果比较着急的话可以将猪肉放到微波炉中加热 20 秒。

切蔬菜

8 用刷帚将带皮的新土豆仔细清洗干净并沥干表面的水。

9 去掉红色彩椒的蒂、种子和里面白色的瓤后将辣椒竖切成四半。

10 用刷帚将带皮的薯蓣仔细清洗干净，然后将薯蓣切成 1~2 cm 厚的圆片。

煎猪肉

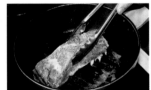

11 煎锅用大火加热，放入黄油，变成茶色时将肥肉一面朝下放。猪肉中会有油脂流出，只放少许黄油就可以。

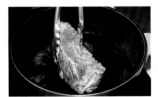

12 煎的过程中不时地用夹子翻动猪肉，将整块猪肉都煎成金黄色。在放进烤箱烤之前先把猪肉的表面煎熟，这样可以防止烤制时里面的肉汁流出。

13 将烘焙纸铺到烤盘上，然后再根据烤盘的尺寸将烘焙纸向内折叠。将烤箱预热到170℃。

14 将猪肉和作为配菜的蔬菜分别放在烤盘的两边。

15 将煎猪肉时剩在煎锅里的油涂抹在蔬菜上，然后再撒上1/4小勺盐和少许胡椒粉。

16 将烤盘放入170℃的烤箱中烤制。尽量快速地关掉烤箱门，否则会降低烤箱内的温度。

17 20分钟后打开烤箱，用铁扦扎扎看，确认蔬菜是否烤熟。

18 将用铁扦能扎透的蔬菜取出，把猪肉和扎不透的蔬菜放回烤箱再烤5分钟左右。

19 将铁扦插在猪肉最厚的部分停留5秒左右。拔出铁扦，如果有温度计的话猪肉中间的温度达到63℃即可。

20 用烘焙纸把猪肉包起来，将猪肉拿出来，将烘焙纸的两端拧紧。将猪肉包起来，这样可以防止猪肉的表面变干。

21 将猪肉放到炉灶附近，温度在40~60℃的地方，放置时间与烤制的时间相同。如果超过60℃的话肉就会完全熟透。

22 取出烘焙纸中的肉，将肉切成5mm~1cm厚的薄片。烘焙纸中的肉汁不要倒掉。

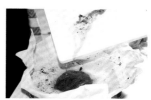

23 切完后将留在菜板上的肉汁和刚才包肉的烘焙纸中的肉汁合起来倒在容器里。

24 去掉上面澄清的油后加入盐和胡椒粉调味，做成酱汁。

25 将猪肉和蔬菜放到盘中，把步骤24中的酱汁倒在上面，再将迷迭香摆在旁边即可。

POINT!

烤好后需要将肉放置一会儿

将猪肉从烤箱中取出后如果马上就切肉的话肉汁就会溢出来。所以要先把肉放到40~60℃的地方保温放置，这样肉汁就会比较稳定，切的时候肉汁才不会流出来。

也可将锅中的水加热到40~60℃，然后把猪肉放到锅上面。

腌渍入味后烤制即可！烹饪肉类时使用的腌渍酱汁

要仔细腌渍让肉能够完全入味

日式 味噌酱汁

西式 蔬菜泥酱汁

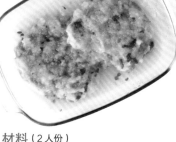

中式 烤肉酱

材料（2人份）

西京味噌…6 大勺
酒…1 大勺
料酒…1 大勺

制作方法与要点

将所有的材料放在一起搅拌均匀，肉要腌渍 1~3 天以上。

※用漂白布或纱布将味噌酱汁和材料隔开，这样味噌就不会直接接触到食材，烹饪起来也比较方便。

※味噌酱汁可以重复使用 2~3 次，所以去掉多余的水后可以再追加适量的材料来调味。

材料（2人份）

洋葱…50 g
苹果…50 g
白葡萄酒…2 大勺
盐、胡椒粉…各适量

制作方法与要点

将擦成泥的洋葱和苹果、白葡萄酒、1/3 小勺的盐、一小撮胡椒粉搅拌均匀，肉要腌渍 30 分钟以上。

材料（2人份）

洋葱…3 大勺
大蒜…1/6 大勺
生姜…1/2 大勺
芝麻油…1 大勺
豆瓣酱…1/2 小勺
酱油…5 大勺
料酒…3 大勺

制作方法与要点

将擦成泥的洋葱、大蒜、生姜和其他材料一起搅拌均匀。肉要腌渍 30 分钟以上。

> **适合腌渍的肉类**
> 猪五花、鸡腿肉、牛肩里脊肉等。

> **适合腌渍的肉类**
> 鸡腿肉、猪腿肉、牛肩里脊肉等。

> **适合腌渍的肉类**
> 牛肉片（烤肉用）、牛五花、肥猪肉、牛肋排肉、可以当作成吉思汗烤肉的酱汁等。

腌渍食材前需要了解的相关技巧

如果食材内部没有入味的话，那腌渍也就没有任何意义了。为了让食材能够尽早完全入味需要注意以下几点。

首先，在腌渍过程中材料中会有水流出，所以腌渍酱汁的味道要调得稍微重一些。如果想让材料能够在短时间内入味的话可以将材料切薄，尽量不要腌渍整块的鱼或肉。此外，还要注意不要让鱼或肉露出酱汁，要用大小合适的保鲜膜盖在上面。也可以不使用容器，直接将酱汁和材料装到保存袋里，然后再用手揉搓袋子，这样也可以帮助材料尽早入味。

使用味噌酱汁或酒糟酱汁时在煎烤前需要将材料上的调味料轻轻抖掉。如果在材料的上下都铺上纱布或者用纱布将材料逐个包住后再放入酱汁腌渍，这样材料完全入味后拿下纱布就可以直接煎烤了。

黑醋咕咾肉

将甜醋勾芡裹匀后要马上把菜盛出来

| 增加拿手菜 |

可以将剩下的咕咾肉切碎，用来做芙蓉蟹或天津饭。此外，除了块状的猪肉外，也可以将碎肉揉在一起炸一下再做成咕咾肉，这样肉会更容易熟，从而缩短烹饪时间，大家不妨试一下。

黑醋咕咾肉

材料（2 人份）
猪肩肉（块状）…180 g
绍兴酒…2 小勺
酱油…2 小勺
鸡蛋…20 g
猪牙花淀粉…2 大勺
猪牙花淀粉、煎炸油…各适量
芝麻油…1 小勺
色拉油…1½ 大勺
甜醋酱
大葱（葱白部分）…10 g
大蒜…1/2 瓣
生姜…1/2 片
黑醋…2 大勺
砂糖…2 大勺
酒…2 小勺
酱油…2 小勺
鸡架汤…150 mL
加水搅匀的猪牙花淀粉…在 1 大勺
猪牙花淀粉中加 1 大勺水搅匀
盐、胡椒粉…各适量
配菜
红色彩椒…1/4 个
香菜…2 根

菜品搭配建议
· 蚕豆竹笋炖菜
· 粉丝汤

所需时间 **45** 分钟

处理材料

1　一边转动用于制作甜醋酱的大葱，一边将大葱划成数条细丝。

2　从边缘开始将大葱切末。然后将大蒜和生姜也切成末。

3　将用于制作配菜的红色彩椒切成 2~3 mm 厚的薄片。

4　将用于制作配菜的香菜大概切碎。由于香菜比较容易变色所以切的时候要注意不要将香菜弄碎，用菜刀麻利地将香菜大略切开即可。

5　将猪肩肉切成 5 mm 厚。切肉的时候会将菜板弄脏，所以要先切完蔬菜再切肉。

将猪肉腌渍入味

6　将猪肉放到绍兴酒和酱油中拌匀，用手揉搓猪肉帮助猪肉入味，然后将肉放置一段时间。

7　将搅匀的蛋液和 2 大勺猪牙花淀粉倒入碗中并拌匀。在倒入鸡蛋前要仔细揉搓让猪肉吸收水，这样猪肉会比较软嫩。

炸猪肉

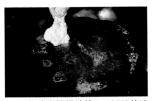

8　将猪肉放到装有猪牙花淀粉的方盘中并在猪肉上涂满淀粉。敲掉猪肉上多余的淀粉。

9　将猪肉慢慢地放入 180℃的油中炸 2~3 分钟。

10　当猪肉周围的气泡变小时用油炸网一边抖掉多余的油，一边将猪肉捞出。气泡变小是猪肉炸熟的标志。

11　将猪肉装到笊篱中放置 5 分钟左右，仔细沥干油。在放置过程中肉里面的水分会跑到表面。如果再炸一遍的话肉会更加酥脆。

12 将沥除油的肉再次放到锅中炸。重复炸几遍将肉中的水分完全炸干，这样即使裹上酱汁肉还是会保持酥脆的口感。

13 当肉块的颜色变得比第一次炸的时候更深时捞出猪肉。然后再重复炸一次，一共炸3次。

制作甜醋酱

14 将黑醋、砂糖、酒、酱油和少许盐倒入碗中搅拌均匀。

15 将色拉油倒入用大火加热的煎锅中。将步骤2中的大葱、生姜和大蒜倒入锅中翻炒。将油加热到滋滋响。

16 一边用木铲搅拌步骤14中的材料，一边倒入锅中，然后将其与大葱、生姜和大蒜搅拌均匀。

17 加入鸡架汤、少许盐和胡椒粉调味，然后继续搅拌。先尝一下味道再决定加入盐和胡椒粉的量。

18 一边将加水搅匀的猪牙花淀粉一点点地倒入锅中，一边用木铲搅拌，给酱汁勾芡。浓度要达到搅拌时可以看到锅底的状态。

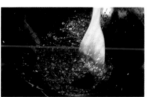

19 一直不断地搅拌至酱汁变成图中那样非常浓稠的状态。如果浓度太低的话，猪肉就会失去酥脆的口感。

让猪肉裹满甜醋酱

20 将猪肉一次性地倒进锅中。为了让猪肉能够保持口感，需要在临装盘前再将猪肉和酱汁拌匀。

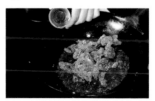

21 沿着锅边将芝麻油倒入锅中并搅拌均匀。用木铲大幅度地搅拌猪肉，让猪肉裹满甜醋酱。

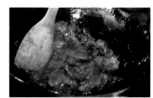

22 裹完酱汁后将猪肉在10秒内盛出。然后再放上红色彩椒和香菜。

POINT!

猪肉需炸三遍以炸干水分

当猪肉中的水分含量降低时口感就会变得酥脆。每炸一次猪肉中的水分都会减少，所以要炸三遍以降低水分。水分减少后猪肉会变轻，也可以此来判断猪肉是否炸好。

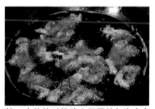

第二次炸的时候猪肉周围的气泡会变小变少，第三次炸气泡会逐渐消失。

一边尝味道，一边调盐和胡椒粉的量

本书在制作甜醋酱时加入了鸡架汤，但市面上出售的商品味道都不尽相同。所以最好一边尝味道，一边调盐和胡椒粉的量，加入自己喜欢的量来调味道。

加热中的甜醋酱非常热，所以尝味道的时候一定要注意。

黑醋的恰当用法

不要因为不经常用就乱用，使用方法要适当

1 做汤时······

一边尝味道，一边加入适当的量。会给汤增加黑醋的风味和清爽的香味。

适合的汤类

酸辣汤、馄饨汤、麻婆拉面、中式汤等。

加入少量的醋即可，以免过度改变汤的味道。

2 做调味汁时······

将黑醋熬煮到原来的 1/3，再加入等量的橄榄油搅拌均匀并加入少许盐调味。

适合的料理

干酪金枪鱼、牛排、麻婆茄子、蔬菜包肉等。

不仅可以用于日式和中式料理，与西式料理也很搭配。

3 做蘸汁时······

将 2 片生姜薄片切成细丝，加入 2 大勺黑醋和 2 大勺酱油拌匀。

适合的料理

水饺、小笼包、肉丸、炸鸡块、烧卖等。

也可以根据自己的喜好加入切成细丝的大葱或榨菜拌匀。

4 制作照烧料理时······

裹上调味料烤制后加入少量黑醋。这样可以去除鱼腥味，让菜肴的味道更清爽。

适合的照烧料理

鸡肉、猪肉、猪排、鲕鱼、青花鱼、竹筴鱼、鲑鱼、秋刀鱼等。

增加酸味，让照烧料理的味道更加清爽。

了解黑醋的成分、使用方法和食用期限

黑醋是由米制成的一种醋，与普通的米醋相比发酵和熟成的时间更长。在长期熟成的过程中颜色会变黑。比如在用陶罐酿制时，在长期熟成的过程中陶罐中的微生物和醋中的氨基酸会发生化学反应，醋的颜色就会变黑。

黑醋的发源地虽然是中国，但日本的鹿儿岛也是有名的黑醋产地。在中国酿制黑醋的原料除了大米外，还可以以大麦和糯米为原料，经过半年至三年的熟成酿制而成。

做菜时加入黑醋可以让菜肴更加浓郁美味，同时还可以抑制菜肴的油腻感，让菜肴更加清爽。此外，黑醋还能够起到中和中华料理中常见的辣椒等香辛料的辣味，软化鱼骨等作用。黑醋的食用期限是两年左右，可以保存较长的时间，常备于厨房中对做菜可以起到很大的帮助。

叉烧肉

最后提高烤肉的温度，这样烤出的猪肉会鲜嫩多汁

| 增加拿手菜 |

可以用煎锅分别煎烤猪肉块的六面，将猪肉的表面烤焦，然后将佐料、酱油、料酒和砂糖放入锅中熬煮即可。使用微波炉烤制时要在烤制过程中要反复涂抹酱汁。

叉烧肉

材料（2 人份）

猪五花（块状）…300 g

糖稀…适量

腌渍酱汁

酱油…2 大勺

甜面酱…1 小勺

五香粉…少许

绍兴酒…1 大勺

蛋白…1 大勺

砂糖…1 大勺

糖稀…少许

盐、胡椒粉…各适量

配菜

黄瓜…1 根（100 g）

番茄…1/4 个（50 g）

拌豆芽

豆芽…100 g

绵白糖…1½ 小勺

芝麻油…1½ 小勺

醋…1 大勺

盐…适量

菜品搭配建议

· 韭菜鸡蛋

· 干虾豆苗汤

所需时间 **65** 分钟

处理猪肉

1　与纤维成直角地将五花肉切成 2~3 cm 见方的肉块。

2　将猪肉放到水中浸泡 10 分钟以去除腥味。将猪肉浸在水中可以去除其中多余的血和独特的味道。

制作腌渍酱汁

3　将酱油、甜面酱、五香粉、绍兴酒、蛋白、砂糖、糖稀、一小撮盐和少许胡椒粉倒入容器中拌匀。

将猪肉腌渍入味

4　将去掉腥味的猪肉放到毛巾上并仔细擦干水。

5　将猪肉放到酱汁里腌渍。

6　将酱汁揉到猪肉里，腌渍 30 分钟左右。腌渍过程中要不时地翻动猪肉。

制作拌豆芽

7　将豆芽的两头掐掉（须根）。这样豆芽的口感会更好，外观也更整洁。

8　将豆芽放到含有 1% 粗盐（分量外）的热水中焯 1 分钟左右。焯到豆芽具有适度的爽脆感。

9　将豆芽放到箩筐里并用扇子扇风以去除余热。同时可以去除多余的水，避免豆芽水分过多。

10　将绵白糖、芝麻油、醋和一小撮盐倒入容器中拌匀。

11　放入已经凉掉的豆芽并快速拌匀。

制作配菜

12 用刀背将黄瓜的表面刮平。将烤箱预热到180℃。

13 切掉黄瓜的两端，用切下来的黄瓜尖摩擦黄瓜的尾部以去除涩味。

14 为了完全去除涩味要将黄瓜皮上绿色较深的部分削掉，然后用削皮器将黄瓜削成薄片。

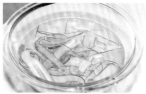

15 将黄瓜片放到冰水中浸泡5~6分钟，让黄瓜更加鲜嫩爽脆。然后将黄瓜用沥水器或笊篱沥干水。

16 将番茄切成2~3 mm厚的薄片。

烤猪肉

17 用厨房用纸在烤网上涂抹色拉油（分量外）。

18 把猪肉放到烤网上，往烤盘中倒水，让水能够装满半个烤盘。倒水时注意不要让水量超过半个烤盘。

19 将猪肉放到180℃的烤箱中烤25分钟左右。

20 10分钟后打开烤箱，再在猪肉上裹上酱汁。然后将还没有上色的一面朝上放置并继续烤制。

21 10分钟后再次给猪肉裹上酱汁。如果烤盘中的水蒸发变少可以再添些水。

22 烤完后用刷子在猪肉表面刷上糖稀。将烤箱的温度调到200℃后再继续烤5分钟左右，将猪肉的表面烤香。

装盘

23 将番茄、黄瓜和豆芽装盘。

24 将猪肉切成5 mm厚的薄片并装盘。

✕ Mistake

水装得过多的话烤出的猪肉会比较潮湿

往烤盘里装水是要利用水蒸气来防止猪肉被烤干，同时还可以避免滴落的油脂和肉汁烤焦。所以只加入少量的水就足够了。

如果水量过多已经快接触到烤网的话，烤制时水就会四处飞溅从而弄湿猪肉。

叉烧肉的再变身

将猪肉一次烤完后可以将其做成很多种不同的料理

叉烧肉

（制作方法参照 P84）

凉拌

材料与制作方法（2人份）

❶将豆芽（20g）快速焯一下。将叉烧肉（100g）、芹菜（30g）、黄瓜（30g）切成细丝。

❷将醋（1大勺）、酱油（1大勺）、芝麻油（1小勺）、盐、胡椒粉各少许搅拌均匀。然后倒在步骤1的材料上面并将所有材料拌匀并装盘。撒上白芝麻并放上意大利香芹做装饰。

三明治

材料与制作方法（2人份）

❶将芥末（1小勺）、黄油（2小勺）和少许的盐和胡椒粉搅拌均匀。

❷将步骤❶中的调味料抹在三明治面包（4片）上，然后将切薄的叉烧肉（40g）、生菜（30g）和番茄（80g）夹到面包里。最后放上香芹。

炒饭

材料与制作方法（2人份）

❶将芝麻油放到用大火加热的煎锅中，将叉烧肉（80g）放到锅里翻炒。

❷加入搅匀的蛋液（2个）炒至半熟状态，再加入白饭（400g）翻炒。

❸加入酒（1小勺）、少许盐和胡椒粉、切碎的绿葱（2大勺）翻炒，沿着锅边倒入酱油（1小勺）以增加香气。

拉面中的叉烧是诞生于中国的菜肴

烤猪肉的中文是叉烧肉，"叉"是插的意思，很多人应该都看到过插在扦子上的红色叉烧肉。日本人大多是将叉烧放到拉面中食用，但在中国叉烧经常被当作凉菜来食用。

日本的叉烧主要是以炖猪肉为主。最近中国也因为插起来制作的叉烧比较麻烦，所以很多店面也都开始采用炖煮肉的方式来制作叉烧。用酱油、酒、料酒等调味料来炖煮猪肉块，与烤猪肉相比炖煮出来的猪肉更加软嫩。

此外，中国叉烧肉的表面为什么那么红呢？这是因为制作时使用了红糟这种发酵食品。红糟是在米中混入红曲发酵而成，烤制时将其抹在猪肉表面，所以烤出的肉颜色会比较红。

炖排骨

关键是要完全腌渍入味

| 增加拿手菜 |

由于排骨比较容易变得油腻，所以
可以在炖煮的酱汁中加入苹果汁、
菠萝汁、果酱、梅酒等清爽的酸甜
味食材。

炖排骨

材料（2 人份）

排骨（或者带骨的大腿肉、羊羔肉排、
猪肩肉等）…800 g

大葱（葱白部分）…10 g

生姜…8 g

豆瓣酱…1 小勺

A ┌ 酒…1 大勺
　└ 酱油…1 大勺

高筋面粉（或低筋面粉）…3 大勺

色拉油…3 大勺

盐、胡椒粉…各适量

混合调味料

橘皮果酱…1 大勺

甜面酱…1 小勺

黑醋…1/2 大勺

酒…1 大勺

酱油…1 小勺

鸡架汤…400 mL

配菜

西蓝花…60 g

小洋葱…2 个（80 g）

小番茄（红、黄）…各 8 个

大葱（葱白部分）…10 g

花生…1 大勺

菜品搭配建议

· 蒜苗木耳
· 蛤蜊青菜汤

所需时间 90 分钟

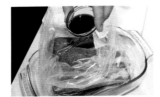

2　加入 A、一小撮盐和少许胡椒粉。将小洋葱带皮放到水中浸泡 15 分钟左右。

3　隔着塑料袋将调味料揉进排骨里。

4　排出袋中的空气后将袋口系紧，在常温下放置 30 分钟左右将排骨腌渍入味。排出空气后排骨会更容易入味。

制作配菜

5　将西蓝花的茎切开，然后用手将西蓝花掰开。把西蓝花放入含有 1% 盐（分量外）的热水中煮软。

煎排骨

7　取出排骨，轻轻擦去上面的水后将 3 大勺高筋面粉涂到上面。然后敲掉排骨上面多余的面粉。

8　将色拉油倒入用大火加热的煎锅中。把排骨放到锅中煎至排骨的表面变色。用较多的色拉油仔细煎制。

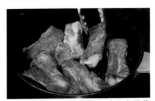

9　当排骨煎至金黄色时用夹子将排骨翻面，将整块排骨都煎成金黄色。可以倾斜煎锅，用堆积在一起的油煎炸比较难煎到的部分。

10　将煎好的排骨放到垫有滤油网的方盘上以沥除油。

将排骨腌渍入味

1　将排骨放到塑料袋里，如果在下面垫上容器的话塑料袋就不会摊开，这样揉搓入味时会更好操作。

6　剥去洋葱皮，然后将洋葱放入含有 1% 盐（分量外）的热水中煮软。将大葱切成细丝，用研磨棒把花生大致捣碎。

11　取出排骨后将剩下的 1 大勺油留在锅中。稍后炖排骨时还要用到。如果剩下的油比较多的话可以盛出去一些。

制作混合调味料

12 将陈皮果酱、甜面酱、黑醋、酒和酱油倒入碗中。

13 将鸡架汤一次性地倒入碗中并把所有的材料搅拌均匀。

炖排骨

14 将大葱大致切碎并把生姜切成碎末。

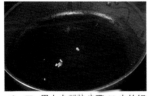

15 用人火加热步骤 11 中的锅并放入少量大葱,加热到锅中发出滋滋声。油温过高或过低都出不来香味。

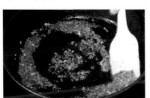

16 将剩下的大葱、生姜和豆瓣酱放入锅中,一边用硅胶铲搅拌,一边炒香。

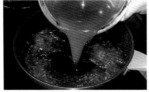

17 将步骤 13 中的混合调料一次性倒入锅中。

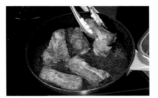

18 将排骨放到锅里。注意不要将排骨叠放在一起。

19 火候要让锅中的汤汁保持在微沸状态,炖煮过程中不时地晃动煎锅,炖煮 40 分钟左右。

20 用竹扦扎一下排骨,如果能够一下子扎透的话说明排骨已经炖软。

21 如果排骨依然比较硬的话盖上锅盖后再继续用小火炖煮。

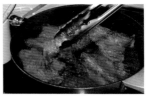

22 当炖煮到能够用竹扦一下子扎透时将排骨翻面,让汤汁沾满整块排骨。

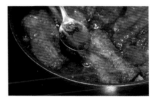

23 捞出汤汁表面出现的浮油。将锅倾斜把汤汁上的浮油舀出来。

装盘

24 将排骨、步骤 5 中的西蓝花、切成半月形的小洋葱和小番茄装到盘中,然后将步骤 6 中的大葱和花生撒在上面。

POINT!

将排骨弯曲的部分仔细煎制

在煎制时排骨弯曲的部分会很难煎成金黄色。所以煎的过程中要不时地将锅倾斜,用堆积在一起的油将弯曲的部分煎成黄金色。

用夹子夹住排骨将没有变色的部分浸到堆积起来的油中煎制。

可以起到意想不到的效果！可以提味的常见食材

只要加入一点点就可以让平日的菜肴味道更加醇厚

菠萝

效果！
将敲碎的菠萝肉涂抹到肉上或将肉浸渍到菠萝肉里可以让肉变得更加软嫩。同时还会给料理增加酸味。

适合的料理
意大利酥仔肉、牛排、炸鸡块的腌渍酱汁、咖喱、咕咾肉等。

鱿鱼丝

效果！
将鱿鱼丝加到汤汁中熬煮或切细加热后会赋予料理鱿鱼的鲜味。

适合的料理
什锦饭、日式汤、味噌汤、炖菜、炒菜、茶碗蒸等。

茶叶

效果！
可以消除肉和鱼的腥味，也会赋予料理茶叶的风味和苦味。适合用来制作味道较强的食材。

适合的料理
炒饭、蔬菜豆腐、锡箔烤制料理、炖菜、煮米饭等。

橘皮果酱

效果！
可以起到砂糖的作用，给料理增加甜味和浓度。炖猪肉时加入橘皮果酱可以增加菜的色泽和光泽。

适合的料理
炖猪肉、照烧鸡肉、味噌青花鱼、炖排骨等。

花生黄油

效果！
可以给料理增加甜味和油脂，让料理的味道更加深厚。加到蘸面酱汁或芝麻拌菜中可以让菜肴的味道更加浓郁。

适合的料理
挂面蘸汁、菠菜或四季豆的芝麻拌菜、咖喱等。

掌握提味食材的使用方法、逐步提升自己的烹饪技艺

所谓提味就是加入与料理的种类和味道差距较大的食材或调味料来提升料理本来的味道。大家应该也听说过制作咖喱时加入巧克力或给西式焖菜中加味噌等情况。

提味的关键是要加入与料理本身的味道完全不同的味道。比如把甜甜的巧克力放到辛辣的咖喱中可以让咖喱的味道变得更加复杂、更加有深度。此外，加入少量的鱼露、芝麻油等亚洲调味料就可以让料理更加浓郁。加入味噌或蛋黄酱可以让料理的口感更加顺滑、更加美味。当然料理的颜色也非常重要，如果向白色的西式焖菜中加入除了白味噌、白芝麻酱等同色系的调味料以外的材料的话就不能称之为提味了。

将下酒菜拿来提味可以起到意想不到的效果。比如竹笋鱼丝这样的下酒菜虽然很难直接拿来提味，但却可以用鱿鱼丝熬煮出的汤汁来调味。

蒸鸡温沙拉

两款日式沙拉

确保将肉加热到恰当的温度

| 增加拿手菜 |

在制作沙拉时加入蛋白质源可以提升沙拉的分量。如果没有鸡肉或猪肉的话，可以使用家中常备的鲑鱼、青花鱼等鱼罐头及玉米罐头、豆类罐头等。

涮猪肉沙拉

蒸鸡温沙拉

材料（2人份）

蒸鸡沙拉

鸡胸肉…240 g
莲藕…80 g
南瓜…125 g
胡萝卜…30 g
杏鲍菇…50 g
按扣豌豆…6 根
煮鸡蛋…1 个

A ┌ 鸡肉清汤（参照 P20）…500 mL
　├ 盐…1 小勺
　└ 胡椒粉…1/4 小勺

海带茶沙拉酱

海带茶…1/2 小勺
橙汁酱油…2 大勺
色拉油…50 mL
小鳀鱼干…1 大勺
萝卜泥…2 大勺

菜品搭配建议

· 法式黄油烤白身鱼
· 豆汁大酱汤

所需时间 50 分钟

煮鸡肉

1 去掉鸡胸肉上多余的皮和油脂，切掉筋。将鸡胸肉切成3~4等份。如果肉块太大的话会很难煮熟，所以要将鸡肉切成适当大小。

2 将锅中的A中的材料加热到70℃。放入鸡肉煮30分钟左右，煮的时候让锅中的汤汁保持在70℃。

切蔬菜

3 削掉莲藕皮，将莲藕切成1~2 mm厚的薄片，然后将藕片浸到醋水（分量外）中。

4 南瓜切成1 cm厚的半月形，杏鲍菇切成两半，去除按扣豌豆的豆角弦后刻上花纹。把胡萝卜切成圆片后用切模给胡萝卜刻造型。

冷却鸡肉

5 将步骤2中的鸡肉连带汤汁一起装到碗中并放到冰水里冷却。为了防止鸡肉变干，汤汁要能够将鸡肉浸没起来。

6 鸡肉变凉后用笊篱将步骤5中一半的汤汁过滤出来。用铺有厨房用纸的过滤漏斗过滤出来的汤汁更加澄清。

煮蔬菜

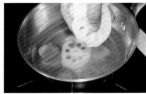

7 用大火将步骤6中的汤汁煮沸，放入胡萝卜和莲藕煮5分钟左右。用笊篱将胡萝卜和莲藕捞出来后将南瓜和杏鲍菇放到锅中煮。

8 3分钟后将杏鲍菇捞出来，将按扣豌豆放到锅中煮1~2分钟，然后将豌豆捞出来。

9 将南瓜煮软到能扎进竹扦时将南瓜连带汤汁一起于冰水上进行冷却。因为南瓜比较容易碎，所以要先冷却一下。

制作海带茶沙拉酱

10 将海带茶和橙汁酱油搅拌在一起，一点点倒入色拉油并搅拌均匀。然后加入鳀鱼干和沥干水的萝卜泥并搅拌均匀。

装盘

11 将切成1 cm厚的鸡肉、煮蛋、煮熟的蔬菜装盘并淋上海带茶沙拉酱。

涮猪肉沙拉

材料（2人份）

涮猪肉沙拉
薄片猪里脊肉（涮锅用）…300 g
牛蒡…1/4 根（50 g）
胡萝卜…60 g
洋葱…60 g
蘘荷…2 个
萝卜苗…10 g
盐渍裙带菜…10 g
芝麻沙拉酱
白芝麻酱…3 大勺
砂糖…2 大勺
芝麻油…1 大勺
醋…2 大勺
酱油…2 大勺

菜品搭配建议
·蔬菜浇汁青花鱼
·纳豆汁

所需时间 **30** 分钟

处理材料

1 用刷帚将牛蒡洗净并将牛蒡切成 5 cm 长的条状。将牛蒡泡在醋水（分量外）里以去除涩味。然后将牛蒡快速洗净并沥干水。

2 将牛蒡放到含有 1% 盐（分量外）的热水中焯一下。尝一下牛蒡煮到了什么程度，当牛蒡煮到自己喜欢的硬度时用笊篱将牛蒡捞出来。

3 削掉胡萝卜的外皮，将胡萝卜切成宽 1~2 mm 的短条。

4 将洋葱切成 1~2 mm 厚的薄片。

5 将蘘荷纵切成两半后，再将蘘荷切薄。

6 将萝卜苗洗净并沥干水。切掉根部后用手将萝卜苗分开。

7 将胡萝卜、洋葱、蘘荷和萝卜苗放入冰水中浸泡 5~6 分钟，让它们更加鲜嫩爽脆。

8 盐渍裙带菜洗净并放入水中浸泡 2~3 分钟去除盐分。将裙带菜切成一口大小，放入笊篱中用热水加热 5 秒左右，捞出并冷却。

煮猪肉

9 将薄片里脊肉放到含有 1% 盐（分量外）的 70℃热水中煮。逐片地将肉片放到锅里涮，加热到看不到肉片上的红色部分为止。

10 将涮好的肉放到笊篱中冷却。盖上拧干的毛巾防止肉片变browser。为了防止肉片中的水分过多不要将肉片浸到水中。

制作芝麻沙拉酱

11 将砂糖、芝麻油、醋和酱油按顺序加入白芝麻酱中，每加入一样都要搅拌均匀。

装盘

12 将猪肉、裙带菜和蔬菜装到盘中，再将沙拉酱摆到旁边即可。

奢华沙拉酱的制作方法

虽然制作起来比较费工夫但却可以将新鲜蔬菜变成一道美味的菜肴！

凯撒沙拉酱

材料（2人份）
帕尔玛干酪…10 g
大蒜…1 瓣
鳀鱼酱…1 小勺
蛋黄酱…30 g
伍斯特辣酱油…1 小勺
白葡萄酒醋…2 小勺
橄榄油…1 大勺
黑胡椒粉、盐…各少许

制作方法
❶将橄榄油和去皮去芯的大蒜放到用大火加热的煎锅中加热。当大蒜变成金黄色时将大蒜取出并捣碎。
❷将剩下的材料和捣碎的大蒜放到容器中搅拌均匀。然后一边仔细搅拌，一边将步骤❶中的橄榄油倒入容器中即可。

牛油果沙拉酱

材料（2人份）
牛油果…1 个
番茄…30 g
洋葱…30 g
柠檬榨汁…1 大勺
塔巴斯辣酱油…1/4 小勺
盐…1/3 小勺
胡椒粉…少许

制作方法
❶将切碎的洋葱放到水里浸泡并沥干水。用水烫剥皮的方法剥去番茄皮并除去番茄籽，然后将番茄切成 5 mm 的小丁。用叉子将牛油果捣碎并将柠檬榨汁淋在上面。
❷将所有的材料搅拌均匀。

东南亚风味沙拉酱

材料（2人份）
干虾…6 只
大蒜…1/2 瓣
辣椒…1 个
香菜…1 枝
花生…1 大勺
辣椒番茄酱、柠檬榨汁、鱼露、砂糖…各 1 大勺

制作方法
❶将干虾、大蒜和辣椒切碎，把香菜和花生大致切碎。
❷最后将所有材料放在一起搅拌均匀即可。

按照基本的制作法则可以做出任意风味的沙拉酱

　　只要按照基本的制作法则就可以利用家中常见的材料轻松地做出沙拉酱。首先要决定沙拉酱的基本风味。如果想要西式风味的话可以将2大勺白葡萄酒醋、1/2大勺芥末、少许胡椒粉和盐、1/3杯色拉油放到一起搅拌均匀就可以制成基本款的法式沙拉酱。加入切碎的番茄就可以做成番茄沙拉酱，加入切碎的薄荷或罗勒就可以做成香草沙拉。

　　同样地，将2大勺酱油、2大勺醋和1/3杯色拉油搅拌均匀就可以制成基本款的日式沙拉酱，将2大勺酱油、2大勺醋、1/2大勺芝麻、1/4杯芝麻油和1/4杯色拉油搅拌均匀就可以制成基本款的中式沙拉酱。可以将萝卜泥和生姜汁加到日式沙拉酱中，将芝麻酱、甜面酱等各种自己喜欢的食材加到沙拉酱中便可以丰富沙拉酱的种类。

南蛮鸡

使用高筋面粉而不是低筋面粉时可以不用过筛

| 增加拿手菜 |

虽然都是鸡肉，但使用鸡腿肉时做出来的菜会比较多汁，使用鸡胸肉时味道会比较清淡。用洋葱泥来腌渍鸡胸肉或将砂糖涂在鸡胸肉上可以防止煮熟后的鸡肉变硬。

南蛮鸡

材料（2 人份）

鸡腿肉…1 块（300 g）
高筋面粉（也可用低筋面粉）…20 g
鸡蛋…1 个
煎炸油…适量
盐、胡椒粉…各适量

南蛮醋

辣椒…1/2 个的量
头道汤汁（参照 P50）…2 大勺
醋…2 大勺
酱油…2 大勺
料酒…1/2 大勺
砂糖…1/2 大勺

塔塔酱

洋葱…1 大勺（10 g）
西式甜泡菜…5 g
煮鸡蛋…1/4 个
香芹…1 小勺
蛋黄酱…1/4 杯
番茄酱…1 小勺
蜂蜜…1 小勺
盐、胡椒粉…各适量

配菜

洋葱…1/2 个（100 g）
水菜…1/4 束（60 g）
水萝卜…2 个
小番茄（红、黄）…各 4 个

菜品搭配建议

· 章鱼拌黄瓜
· 根菜味噌汤

所需时间 45 分钟

将鸡肉腌渍入味

1 去掉鸡腿肉上多余的皮和油脂，切掉筋。否则会影响口感。

2 将鸡肉切成 3 cm 见方的小块。鸡皮朝下放置，从鸡肉部分开始切会比较好切。

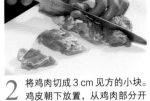

3 将鸡肉放到方盘里，撒上 1/4 小勺盐和一小撮胡椒粉并用手揉搓入味。然后放置一段时间。

制作塔塔酱

4 将洋葱和西式甜泡菜切碎。如果洋葱比较辣的话可以先将洋葱放到水中浸泡一会儿，然后沥干水。

5 将煮鸡蛋和香芹也同样地切碎。

6 将洋葱、煮鸡蛋、西式甜泡菜、香芹、番茄酱和蜂蜜放到装有蛋黄酱的容器中。

7 仔细将材料搅拌均匀后尝一下味道，如果比较淡的话就加入盐和胡椒粉调味。

制作配菜

8 剥掉洋葱皮后将洋葱切成 1 cm 厚的圆片。

9 将水菜切成 3~4 cm 长的小段。

10 将水萝卜切成 1~2 mm 厚的圆片。

11 将水菜和水萝卜放到冰水里浸泡。然后取出变得鲜嫩爽脆的水菜和水萝卜并沥干水。

12 将头道汤汁、醋、酱油、料酒、砂糖和辣椒放到煎锅中并用大火加热。

13 将洋葱放到南蛮醋中。煮2~3分钟后将洋葱盛到盘子里。煮到洋葱还留有少许嚼劲即可。

14 将鸡肉裹上高筋面粉并敲掉上面多余的面粉。使用高筋面粉时不用将面粉过筛。使用低筋面粉时需要将面粉过筛。

15 用手将面粉涂抹到鸡肉上，然后敲掉上面多余的面粉。如果鸡肉上有多余的面粉或结块的面粉就容易沾不上蛋液。

16 搅匀蛋液，将蛋液裹在鸡肉上。在鸡肉上裹上一层较厚的蛋液，这样做出来的南蛮鸡会比较松软。

17 将鸡肉放入加热到170℃的油中炸5分钟左右。放入鸡肉时油温会有所下降，所以要先将油加热到稍高的温度后再放入。

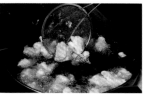

18 将鸡肉放入锅中后先不要翻动鸡肉，等到鸡肉开始变色后再开始用油炸网大幅地翻动鸡肉，继续炸2~3分钟。

19 当鸡肉开始浮起并且鸡肉周围的气泡变小时将火调大。最后提高油温可以逼出鸡肉中的油，炸出的鸡肉会更加酥脆。

20 取出鸡肉，用油炸网捞出鸡肉时要先抖掉多余的油，再将鸡肉放到铺有滤油网的方盘里，注意不要将鸡肉叠放在一起。

21 将鸡肉放到南蛮醋中。轻轻搅拌让鸡肉沾满南蛮醋。不要过度浸渍，注意保持鸡肉的酥脆感。

22 将步骤11中的水菜和水萝卜装盘，然后放上洋葱。

23 将鸡肉放到洋葱上面。

24 将步骤7中的塔塔酱淋在鸡肉上。然后放上切成两半的小番茄。

POINT!

鸡肉炸酥脆的秘诀是什么呢?

将鸡肉放到170℃的油中先不要翻动鸡肉，让鸡肉在低温中炸熟。等到鸡肉完全炸熟后，在临取出前改为大火加热以提高油温，再用高温油快速炸一下。

当鸡肉变成金黄色并且周围的气泡变小、变少时就可以提高油温。

复习油炸时需要掌握的关键点
一定要记住比较容易遗忘的油炸时的基础要点

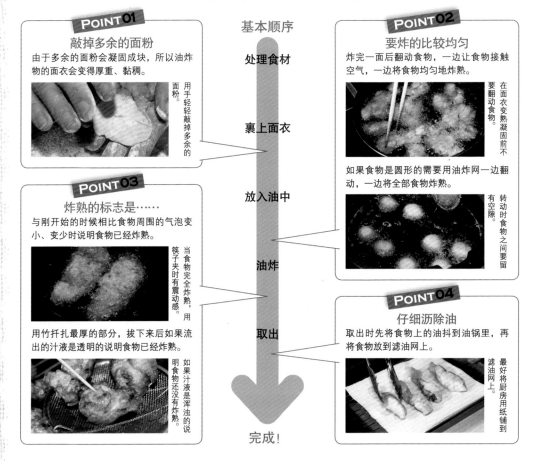

POINT01

敲掉多余的面粉

由于多余的面粉会凝固成块，所以油炸物的面衣会变得厚重、黏稠。

用手轻轻敲掉多余的面粉。

POINT02

要炸的比较均匀

炸完一面后翻动食物，一边让食物接触空气，一边将食物均匀地炸熟。

在面衣变熟凝固前不要翻动食物。

如果食物是圆形的需要用油炸网一边翻动，一边将全部食物炸熟。

转动时食物之间要留有空隙。

POINT03

炸熟的标志是……

与刚开始的时候相比食物周围的气泡变小、变少时说明食物已经炸熟。

当食物完全炸熟时有震动感，用筷子夹时有震动感。

用竹扦扎最厚的部分，拔下来后如果流出的汁液是透明的说明食物已经炸熟。

如果汁液是浑浊的说明食物还没有炸熟。

POINT04

仔细沥除油

取出时先将食物上的油抖到油锅里，再将食物放到滤油网上。

最好将厨房用纸铺到滤油网上。

基本顺序

处理食材

裹上面衣

放入油中

油炸

取出

完成！

利用厨房中的现有物品来进行油炸，让油炸食品走近我们的生活

　　准备好油炸锅、油炸筷、油炸网、滤油网，再加上方盘就可以顺利进行油炸了。油炸筷可以用木制长筷来代替，油炸网可以用笊篱或厨房用纸来取代。但是用来油炸的锅必须使用耐高温的铁制、铜制或不锈钢制的锅。

　　判断油温时可以将少许面衣抖到油锅里，如果面衣沉底的话说明油温在160℃以下，如果面衣能够马上浮起来的话说明油温在180℃左右，如果面衣不会沉底且表面会迅速变色的话说明油温已经达到200℃的高温。

　　结束油炸后将油里面的杂质去除，用厨房用纸将油过滤到油壶中，下次油炸时还可以继续使用。使用时可以倒入一半的新油。可以反复使用2~3次。如果想将油处理掉的话一定不要将油倒掉，可以用厨房用纸或报纸将油吸掉，也可以使用市售的能够将油固化的工具来处理。

香煎鸡排

火太小或太大都不可以！关键是要掌握好火候

| 增加拿手菜 |

鸡皮不要扔掉，可以做成另一道菜。例如可以将鸡皮和牛蒡、魔芋放在一起炖成甜辣烩菜，也可以将鸡皮煎酥，撒上盐后当成下酒菜或者放到沙拉中，可以用来制作各种料理。

香煎鸡排

材料（2 人份）

香煎鸡排
鸡胸肉…1 块（150 g）
鸡蛋…2 个
罗勒…2 片
黄油…10 g
橄榄油…2 小勺
盐、胡椒粉…各适量

番茄酱
洋葱…25 g
大蒜…1 瓣
水煮番茄（罐装、整个）…200 g
橄榄油…2 小勺
盐、胡椒粉…各适量

配菜
土豆…1 个（150 g）
蟹味菇…1/2 包（50 g）
黄油…5 g
橄榄油…1 大勺
盐、胡椒粉…各适量
水芹…1/4 束

菜品搭配建议

· 圆白菜芜菁火腿沙拉
· 白芸豆汤

所需时间 **65** 分钟

处理材料

1　用刷帚将用来做配菜的土豆洗净、去皮。去掉土豆芽后将土豆切成 8 mm 见方的小块。

2　一边切，一边将土豆放到水中浸泡以去除淀粉。不去除淀粉的话，炒的时候土豆会黏在一起。

3　去掉配菜用的蟹味菇的根部后将其切成与土豆块一样的大小。

4　将用来制作番茄酱的洋葱和大蒜切碎。

5　将 2 片罗勒叠在一起大略切碎。由于罗勒比较容易变色，所以切的时候要利落一些，注意不要碾压罗勒。

6　去掉鸡胸肉上多余的皮和油脂并切掉筋。将肉片切成 1 cm 厚的肉片。

制作番茄酱

7　将水煮番茄放到筛子里并用硅胶铲按压过滤。这样可以去除番茄的茎和籽。将留在筛子里的番茄果肉挑出来放到捣碎的番茄中。

8　将橄榄油和步骤 4 中的大蒜放到用小火加热的煎锅中。炒香后放入洋葱炒软。

9　将捣碎的水煮番茄倒入锅中煮沸，然后将火调小，加入一小撮盐和少许胡椒粉，一边搅拌，一边煮至果酱状。

煎鸡排前的准备工作

10　将鸡蛋打到容器中，加入步骤 5 中的罗勒、一小撮盐和少许胡椒粉。

11　用叉子搅拌蛋液。仔细搅拌至看不到块状的蛋白。

12 在鸡肉上面涂满盐和胡椒粉。轻轻地用手揉搓让鸡肉均匀入味。

13 在鸡肉上面裹上蛋液。蛋液裹得比较厚的话面衣会更加松软。

煎鸡排

14 将橄榄油和黄油放到煎锅中加热。黄油起泡时将材料放到锅中。

15 用中小火加热煎锅，注意不要将鸡肉叠放在一起。用大火煎出来的鸡肉会比较柴，因而失去松软的口感。

16 单面煎好后用夹子将鸡肉翻面。因为后面还要再次裹上蛋液煎制，所以不用完全煎熟也可以。

17 将两面都煎好后取出鸡肉，再次裹上蛋液后将鸡肉放回锅中继续煎制。重复此操作直至将蛋液用完。

18 在反复裹上蛋液和煎制的过程中，鸡肉外面的面衣逐渐变得像图中那样厚，鸡肉也会慢慢煎熟。

19 要注意将蛋液仔细煎干。最后将蛋液精微煎焦，这样煎出来的鸡排会更香。

制作配菜

20 将橄榄油放入用大火加热的煎锅中。然后将沥除水的土豆放到锅中并用中火翻炒。

21 用竹扦扎土豆，如果一下子就能扎透就将火调为大火。

22 将黄油倒入锅中继续翻炒。将火改成大火，再加入黄油可以将土豆炒成金黄色。

23 将土豆炒成如图所示的金黄色即可。

24 加入蟹味菇炒香。由于蘑菇中的水分含量较多，所以要用大火仔细翻炒。

25 蟹味菇炒香后加入一小撮盐和一小撮胡椒粉调味。

装盘

26 将配菜装入切模中。把鸡排放到番茄酱上，然后放上水芹作为装饰。在马上要食用前再拿掉切模。

小巧可爱的香煎鸡排的变形

除了鸡肉外还可以利用其他食材！裹上蛋液后再开始煎制吧！

香煎豆腐

制作方法

在沥除水的北豆腐上涂满盐和低筋面粉。参照 P101 一边裹蛋液，一边反复煎几次。最后放上红色和黄色的彩椒。

香煎芝麻鱿鱼

制作方法

将鱿鱼切成一口大小，在上面涂满盐和低筋面粉。参照 P101 一边裹蛋液，一边反复煎几次。最后裹上黑芝麻煎制。

香煎香菇

制作方法

在去掉根部的香菇上涂满盐和低筋面粉，再将混有盐和胡椒粉的猪肉馅塞到香菇中。加入万能葱，参照 P101 一边裹蛋液一边煎制，最后放上辣椒丝做装饰。

香煎牡蛎海苔卷

制作方法

将牡蛎收拾干净并沥除水。在牡蛎上涂满盐和低筋面粉。参照 P101 一边裹蛋液，一边反复煎几次，最后卷上海苔煎制。

香煎泡菜蒜薹牛肉

制作方法

将蒜薹切成 3 cm 长，挤出白菜泡菜中多余的水后将泡菜和牛肋排肉切成一口大小。用牙签将材料串起来并涂满低筋面粉，参照 P101 一边裹蛋液，一边反复煎几次。

香煎西葫芦

制作方法

将西葫芦切成圆片后涂满盐和低筋面粉。参照 P101 一边裹蛋液，一边反复煎几次。

香煎肉片是诞生于意大利的人气料理

香煎肉片是意大利料理的一种，其正式名称是 piccata，是一款用盐、胡椒粉和帕尔玛干酪将鸡肉、白身鱼调味后一边裹蛋液，一边煎炸的料理。韩国式煎饼是一款与香煎肉片相似的料理。在韩国办喜事时都会准备这种料理，主要是用盐和胡椒粉将白身鱼或蔬菜调味后再涂上低筋面粉，然后裹上蛋液煎制。与香煎肉片相比裹的蛋液没有那么厚，可以隐约看到里面的材料。

与香煎肉片一样，海外的料理名在传到日本后经常会发生微妙的变化。日本人一般会将法国或意大利等非英语国家的料理名改为英文名，然后在实际使用中又逐渐变成日本人比较容易读的名字，经历一系列演变后才形成现在的叫法。

蚝油牛肉

肉类料理 **09**

两款中式炒菜

制作中国料理时手法一定要快

| 增加拿手菜 |

做菜时加入最近日本也比较常见
的空心菜、豆苗、韭菜等中国蔬菜
就可以做出正宗的中式炒菜。初次
挑战中国蔬菜的人可以先尝试炒
菜，这样失败的概率会比较小。

腰果鸡丁

腰果鸡丁

材料（2人份）

鸡腿肉…180 g
腰果…50 g
青椒…1 个（40 g）
红色彩椒…1/2 个（75 g）
竹笋（水煮）…50 g
大葱（葱白部分）…1/2 根（50 g）
大蒜…1/2 瓣
生姜…1/2 片
辣椒…2 个
A ⎡ 酱油 1/2 大勺
　 ⎣ 酒 1 大勺
鸡蛋…20 g
猪牙花淀粉…1 大勺
加水化开的猪牙花淀粉…在 1 小勺
猪牙花淀粉中加 1 小勺水搅拌
芝麻油…1/2 小勺
煎炸油…适量
盐、胡椒粉…各适量
混合调味料
鸡架汤…60 mL
黑醋…1/2 大勺
酱油…1 大勺
砂糖…1 大勺
酒…1½ 大勺

菜品搭配建议

· 中式鱿鱼西蓝花
· 馄饨汤

所需时间 **20** 分钟

切材料

1 将去掉蒂、种子和里面白瓤的
青椒、红色彩椒、竹笋和大葱
都切成 1 cm 见方的小块。

处理材料

2 去掉鸡腿肉上多余的皮和油
脂，切掉筋。然后将肉和蔬菜
一样切成 1 cm 见方的小块。将大
蒜和生姜切成薄片。

3 将 A 倒进鸡肉中并用手揉搓。
当鸡肉上涂满调味料后再加入
搅匀的蛋液和猪牙花淀粉揉搓。

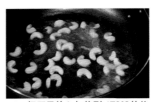

4 把腰果放入加热到 170℃ 的热
油中，用小火炸 5 分钟左右。
当腰果炸至金黄色后用笊篱捞出并
沥除油。

5 将步骤 4 中的油加热到 120℃。
放入鸡肉，不要频繁地搅动，
炸至鸡肉变色。

6 加入青椒和红色彩椒快速翻
炒。将鸡肉、青椒和红色彩椒
连带油一起倒进笊篱中，仔细沥除
油并放置一会儿。

制作混合调味料

7 将鸡架汤、黑醋、酱油、砂糖
和酒倒入容器中搅拌均匀。在
临炒菜前再开始制作混合调味料。

翻炒材料

8 将步骤 6 中的一大勺油、大蒜、
生姜、去籽的辣椒放到煎锅中
用小火加热。炒香后放入大葱。

9 将火调为中火，加入竹笋翻炒。
再将火调强并加入步骤 6 中的
材料翻炒。

10 加入步骤 7 中的混合调味
料翻炒，然后将加水化开
的猪牙花淀粉放到锅中勾芡。尝一
下味道后加入盐和胡椒粉调味。

11 加入腰果拌匀。沿着锅边
倒入芝麻油，大幅度地摇
晃煎锅让芝麻油融入食材中后装
盘。最后放上辣椒作为装饰。

蚝油牛肉

材料（2人份）
薄片牛腿肉…180 g
木耳…2 g
竹笋（水煮）…70 g
黄瓜…70 g
胡萝卜…40 g
芹菜…1/2 个（50 g）
大蒜…1/2 瓣
生姜…1/4 片
A [酒…2 小勺
　　酱油…2 小勺
芝麻油…1 小勺
色拉油…20 mL
黑胡椒粉…一小撮
混合调味料
鸡架汤…1 大勺
蚝油…2 小勺
酒…1 小勺
酱油…1 小勺
砂糖…1/2 小勺

菜品搭配建议
· 中式生鱼片沙拉
· 白菜粉丝汤

所需时间 20 分钟

处理材料

1 将木耳放到水中浸泡 15 分钟左右。去掉根部后再切成一口大小。将大蒜和生姜切成碎末。

2 将黄瓜竖切成两半，用勺子将黄瓜瓤挖出来。然后将黄瓜斜切成一口大小。

3 将竹笋、去皮的胡萝卜、去筋的芹菜切成一口大小的薄片。

4 将薄片牛腿肉切成 2 cm 长，然后倒入 A 并揉搓入味。用手仔细揉搓让牛肉吸收水分，这样牛肉会比较软嫩。

制作混合调味料

5 将鸡架汤、蚝油、酒、酱油和砂糖放到容器中搅拌均匀。临炒之前再制作混合调味料。

翻炒材料

6 将 1 大勺色拉油放入用大火加热的煎锅中，放入大蒜和生姜，出现香味后将步骤 4 中的牛肉倒进锅中炒香。

7 将牛肉一次性地从煎锅中取出。先取出牛肉，然后将蔬菜炒香。

8 倒入 1 小勺色拉油，将木耳、竹笋、胡萝卜、芹菜和黄瓜放入锅中炒香。

9 将牛肉倒回锅中，食材中的水炒干。像图片中那样将中间空开并摊开食材，这样稍微放置一会儿食材中的水会蒸发得更快。

10 将步骤 5 中的混合调味料画圈倒进锅中。搅拌食材让调味料混合均匀，沿着锅边倒入芝麻油以增加菜肴的风味。

11 将所有材料都搅拌均匀后加入黑胡椒粉调味并装盘。

做菜的技巧与要点 ⑲

复习炒菜时的要点

炒菜时关键是要高效快速地进行

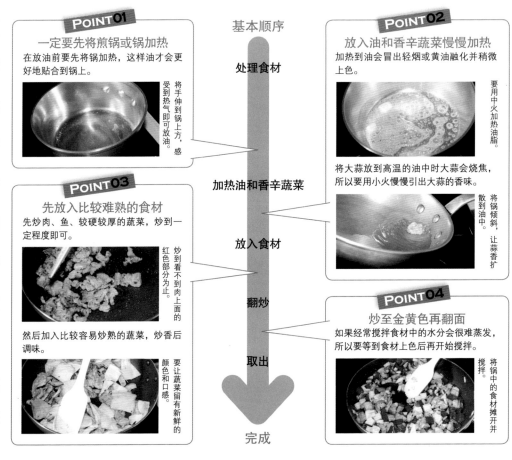

POINT 01

一定要先将煎锅或锅加热

在放油前要先将锅加热，这样油才会更好地贴合到锅上。

将手伸到锅上方，感受到热气即可放油。

POINT 02

放入油和香辛蔬菜慢慢加热

加热到油会冒出轻烟或黄油融化并稍微上色。

要用中火加热油脂。

将大蒜放到高温的油中时大蒜会烧焦，所以要用小火慢慢引出大蒜的香味。

将锅倾斜，让蒜香扩散到油中。

POINT 03

先放入比较难熟的食材

先炒肉、鱼、较硬较厚的蔬菜，炒到一定程度即可。

炒到看不到肉上面的红色部分为止。

然后加入比较容易炒熟的蔬菜，炒香后调味。

要让蔬菜留有新鲜的颜色和口感。

POINT 04

炒至金黄色再翻面

如果经常搅拌食材中的水分会很难蒸发，所以要等到食材上色后再开始搅拌。

将锅中的食材摊开并搅拌。

基本顺序

处理食材

加热油和香辛蔬菜

放入食材

翻炒

取出

完成

速度是顺利完成炒菜的关键

炒菜时最好用煎锅或中式炒锅。菜量较多，煎锅较小时可以分两次来炒。一般的硅胶铲不耐高温，所以要用比较耐热的硅胶铲、木铲或勺子来炒。

炒菜时最重要的就是速度。一旦开始炒就不能再进行别的作业。所以要先将材料都切好并按加入的顺序分别放置。需要加入调味料时要先将调味料放到碗里拌匀，这样炒的时候能够立即将准备好的调味料倒入锅中。由于炒的时间比较短，所以可以先将胡萝卜、土豆等不容易熟的食材焯一下或放到微波炉中加热一下。

先放入鱼或肉炒一下并取出，然后利用剩下的汤汁来炒蔬菜，再将肉或鱼放回到锅中炒，这样炒出的肉或鱼才不会发硬，也不会碎掉。

施特罗加诺夫炖牛肉

将洋葱炒至焦糖色

| 增加拿手菜 |

如果没有酸奶油的话，可以将生奶油和无糖酸奶搅拌在一起并在温暖的地方放置一天。此外，也可以用混有柠檬汁或醋的生奶油以及无糖炼乳来代替。

施特罗加诺夫炖牛肉

材料（2人份）

施特罗加诺夫炖牛肉
牛里脊肉…160 g
洋葱…150 g
蘑菇…4 个
水煮番茄（罐装、整个）…75 g
小牛高汤…8 g
红葡萄酒…50 mL
鸡肉清汤（参照 P20）…200 mL
辣椒粉…2 小勺多
低筋面粉…20 g
黄油…20 g
色拉油…2 小勺
盐、胡椒粉…各适量
酸奶油…20 g
香芹（切碎）…1/2 小勺

黄油饭
大米…160 g
鸡肉清汤（参照 P20）…与洗净的大米等量
黄油…10 g
盐、胡椒粉…各适量

菜品搭配建议

· 蛤蜊虾蔬菜沙拉
· 芜菁培根汤

所需时间 **70** 分钟

处理材料

1　将用于制作黄油米饭的大米洗净，然后将大米放到筛子中并用湿毛巾盖在上面，放置30分钟左右。用筛子将水煮番茄过滤碾碎。

2　将剥皮去芯的洋葱切成2~3 mm厚的薄片。

3　去掉蘑菇的根部并用刷子轻轻地将污垢刷掉，然后将蘑菇切成六块。

4　将牛里脊切成3 cm长的条状。

制作黄油米饭

5　将步骤1中的大米放到量杯中。然后准备好与大米等量的鸡肉清汤。要先用大火将鸡肉清汤加热。

6　将黄油放到用中火加热的锅中，然后放入大米翻炒。这样可以让大米和黄油的油脂融合在一起，煮出来的米饭会颗颗分明，不会黏在一起。

7　轻轻碰一下大米表面，将大米炒热即可。

8　将鸡肉清汤、1/4 小勺盐和少许胡椒粉倒入步骤7的锅中，轻轻搅拌至沸腾。然后将火调小并盖上锅盖，煮10分钟左右。

炒洋葱

9　将 10 g 黄油放到用大火加热的煎锅中。当黄油上色后改为中火加热，将洋葱和一小撮盐放入锅中炒。

10　当锅底部分变成茶色时加入少量的水（分量外）并用硅胶铲刮锅底。如果是用小火加热的话就不会变成茶色。

11　重复步骤10的操作，直到将洋葱炒成像图片中那样的焦糖色。炒的时候用中火加热并不断将洋葱摊开，大约15分钟左右就可以将洋葱炒成焦糖色。

12 将用筛子过滤碾碎的水煮番茄、小牛高汤和红葡萄酒倒入锅中。每加一样都要轻轻搅拌。

13 加入鸡肉清汤时可以用清汤将刚才装水煮番茄的容器冲洗干净，然后用小火炖煮。这样番茄的分量就不会减少。

处理牛肉

14 将1/4小勺盐、一小撮胡椒粉和2小勺辣椒粉涂在放在方盘中的牛肉上。

15 用手将牛肉揉搓入味。

16 用手将牛肉搓成4~5 cm长的细条状。然后将牛肉摆在方盘上。

17 将5 g黄油放入另一个用大火加热的煎锅中，当黄油变色后加入蘑菇、少许盐和胡椒粉翻炒。

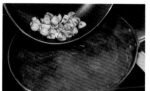

18 当蘑菇炒至金黄色时将蘑菇倒入步骤13中的锅里。

19 在牛肉上涂满低筋面粉。给所有牛肉涂上一层薄薄的低筋面粉。然后将牛肉放到笊篱中并敲掉牛肉上多余的面粉。

20 将5 g黄油和色拉油倒入用大火加热的煎锅中，然后放入牛肉，注意不要叠放在一起。摇晃煎锅将肉炒上色。

21 当将肉炒至金黄色后将肉倒进步骤18中的锅里。将炒至金黄色的半生牛肉倒进锅里。

22 一边大幅度地搅拌，一边将牛肉煮至中等熟。尝一下味道淡的话加入盐和胡椒粉调味，然后关火。

装盘

23 用饭勺将锅底的黄油饭翻上来弄散，然后装盘。

24 将步骤22中的施特罗加诺夫炖牛肉装盘，放上酸奶。然后撒上少许辣椒粉和切成碎末的香芹。

POINT!

让洋葱吸收汤汁和香味

为了将洋葱尽快炒成焦糖色，最重要的是要让洋葱吸收锅底的汤汁和香味。一边加水，一边用锅铲将锅底的汤汁铲起。

炒一段时间后加水，然后马上用锅铲将汤汁铲起来。

丰富多彩的米饭

除了黄油饭外还可以试着制作其他种类的米饭

番茄饭

材料与制作方法（2人份）

❶将番茄干（3 g）切成5 mm的小丁。
❷将蒜油（1大勺）放入用大火加热的锅中，油热后放入大米（160 g）翻炒。
❸大米炒热后加入1中的番茄干、番茄汁（240 mL）、即用清汤（颗粒状、1小勺）、两撮盐和少许胡椒粉，煮沸后盖上锅盖煮10分钟左右。

香草饭

材料与制作方法（2人份）

❶将蒜油（1大勺）和百里香（1枝）放入用中火加热的锅中，油热后加入大米（160 g）翻炒。
❷大米变热后加入鸡肉清汤（240 mL）、两撮盐和少许胡椒粉，盖上锅盖煮10分钟左右。煮好后放入切碎的香芹（1/4枝）和罗勒（4片）拌匀。

炸洋葱饭

材料与制作方法（2人份）

❶将黄油（1大勺）放入用中火加热的锅中，油热后加入大米（160 g）翻炒。
❷大米炒热后加入炸洋葱（2大勺）、鸡肉清汤（240 mL）、两撮盐和少许胡椒粉，然后盖上盖子煮10分钟左右。

香辛米饭

材料与制作方法（2人份）

❶将黄油放到用中火加热的锅中，油热后加入香辛料（丁香1根、月桂1片、肉桂1/2根、姜黄粉1/4大勺）和大米（160 g）翻炒。
❷大米炒热后加入鸡肉清汤（240 mL）、两撮盐和少许胡椒粉，然后盖上锅盖煮10分钟左右。

不是只有日本人吃米饭

只有白米饭也可以吃得很香，大米是日本引以为荣的食材之一。在日本人们吃得最多的是日本短粒米，但在制作西餐或东南亚料理时也不妨试着用相应国家的大米来做米饭。

泰国米是细长的，属于印度米的一种。颗粒比日本米小，所以在短时间内就可以煮熟。此外，泰国产的茉莉香米也很受欢迎。它的泰语别名就是"香米"的意思，是一种香味浓郁的高级大米，与汤咖喱非常搭。

另外，做咖喱时也可以尝试用香气浓郁的正宗印度巴斯马蒂香米。制作肉汁烩饭时也可以使用意大利米。意大利米是按照大小来分类命名的，制作肉汁烩饭时最好还用颗粒最大的，叫作superfino的大米。

菜豆炖肉

炖煮时要一直观察以防炖煮过度

| 增加拿手菜 |

三味香辛料是一种以丁香、肉豆蔻和肉桂为主原料的混合香料。加入这种香料可以显著提升料理的香气。需要注意的是为了防止香气跑掉，要在临熄火前再加入料理中。

菜豆炖肉

材料（2人份）
红菜豆（水煮）…210 g
猪五花肉（块状）…75 g
火腿（块状）…75 g
洋葱…75 g
大蒜…1/3 瓣
水煮番茄（罐装、整个）…75 g
鸡肉清汤（参照 P20）…100 mL
白葡萄酒…40 mL
小茴香…2/3 小勺
三味香辛料粉…2/3 小勺
辣椒粉…2 小勺
橄榄油…1 大勺
盐、胡椒粉…各适量
新鲜百里香…适量

菜品搭配建议
· 干培根与热蔬菜
· 南瓜汤

所需时间 90 分钟
※ 使用压力锅时只需 40 分钟

处理材料

1 将洋葱分别纵向、横向切片，注意不要将洋葱切散开。切片越薄，最后切丁的时候就会越细。

2 从边缘开始将洋葱切成细丁。

3 将大蒜切成末。

4 将火腿切成 1 cm 见方的小块。由于切肉时会弄脏菜板，所以要先切蔬菜再切肉。

5 将猪五花肉切成 1 cm 厚。临切之前再将猪肉从冷藏室拿出来，因为肉的温度低，肉中的油脂才不会融化，切起来会比较容易。

6 将猪肉转 90°，横向放置，然后从边缘开始将猪肉切成 1 cm 见方的小块。

7 撒上少许盐和胡椒粉让猪肉入味。

8 将水煮番茄放到筛子里并用硅胶铲碾压过滤。

翻炒材料

9 将橄榄油放到用大火加热的煎锅中。把步骤 3 中的大蒜放入锅中炒香。

10 当大蒜稍微变色后加入步骤 2 中的洋葱。

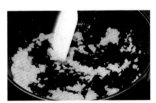

11 慢慢翻炒至洋葱由于水分流失而变软。经过仔细翻炒可以增加蔬菜的甜味和香味。

12 放入猪肉，一边按压，一边炒。炒至猪肉变熟、变色。

13 将猪肉炒至金黄色后加入火腿翻炒。猪肉炒香后，锅里的汤汁也会变香，颜色则会变成茶色。

14 加入小茴香、三味香辛料粉和辣椒粉。

15 炒至香辛料的香味充分释放。粉类调味料比较容易焦，所以炒的时候一定要注意。

16 香味出来后加入白葡萄酒并搅拌，搅拌时用硅胶铲将锅底的汤汁铲起来。

17 加入红菜豆并轻轻搅拌，然后加入过滤好的水煮番茄。

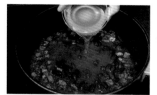

18 加入鸡肉清汤、一小撮盐和少许胡椒粉。

19 汤汁煮沸后用小火煮15分钟左右。为了防止将材料煮碎，煮的时候不要盖盖子。

20 一边搅拌，一边将汤汁煮干。不时地搅拌材料以防材料粘到锅底。

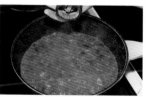

21 加入少许盐和胡椒粉进行调味。

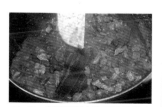

22 煮到只剩少许汤汁时将火关掉，利用余热将剩余的水蒸发掉。装盘并放上新鲜百里香来装饰。

Mistake

汤汁不够时菜豆会变干

如果火候过强或用开口较大的锅来炖煮，即使炖煮时间和菜谱中规定的一样，但由于水过度蒸发会很容易炖过头。如果将汤汁煮干，菜豆就不会煮胀。所以要以炖煮时间为标准，当水分较少时要立即添水。

上图为汤汁完全煮干的状态。这样放置一段时间后菜豆的表面就会变干。

加入适量的水让汤汁可以稍微覆盖住菜豆，一边搅拌，一边炖煮。

Mistake

盖上锅盖炖煮会将豆子煮烂

罐装的豆子一般都比较软，盖上锅盖炖煮时由于水很难蒸发，会很容易将豆子煮碎。但如果豆子比较硬则需要盖上锅盖炖煮。

盖上锅盖时水蒸气会聚集在锅内，豆子就会越来越软。

炖煮材料

水煮豆 VS 干豆　根据不同的料理来选择合适的豆类

豆类是一种富含营养、使用方法丰富多样的优秀食材

1 白芸豆

菜豆的一种。美洲是它的主要产地。在日本主要用于制作白豆沙。

2 小扁豆

由于体型较小而被称为小扁豆。有红色、茶色、绿色等多种颜色。国外经常用小扁豆来制作咖喱或汤品。

3 鹰嘴豆

别名为桃尔豆、鸡心豆。主要用于制作炖菜、汤类、干咖喱等。

4 红菜豆

主要用于制作肉炖辣豆、玉米卷饼，属于菜豆类。与金时豆很像，但不是同一种。

干豆

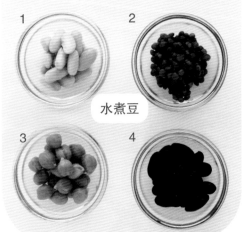

水煮豆

1 斑豆

菜豆的一种，形状像鹌鹑蛋。与巴西的花菜豆属于同一种。

2 黑豆

黑大豆。日本在新年时会煮黑豆食用，祈祷能够勤奋工作、身体健康。

3 大豆

毛豆这样的青大豆也是大豆的一种。豆腐、纳豆和油炸豆腐等都是由大豆加工而成的食品。

4 金时豆

菜豆的一种，主要成分是蛋白质。有白金时、大正金时、福胜等多个品种。

掌握豆类的各种用法并做出适当变化

　　豆类可以分为干豆和水煮豆，使用后者时不需要用水泡豆，可以直接烹饪。但干豆却更加美味，营养成分也非常高，所以如果有时间的话最好使用干豆来烹饪。用较厚的锅或高压锅来煮豆时，可以在短时间内将豆煮软，大家不妨尝试一下。

　　大豆可以用来制成五目豆或油炒豆，黑豆可以做成煮黑豆，鹰嘴豆可以在制作咖喱时使用，仅仅是制作这些常见的豆类料理也还是需要费些工夫的。属于同一种类的豆类是可以相互取代的，比如菜谱中使用的是同属菜豆的白芸豆、红菜豆和金时豆，那么使用以上哪一种豆类都可以。此外，也可以在制作金平牛蒡时加入豆类或将豆类和米饭一起煮，做成豆饭，还可以将碾碎的豆子制成炸丸子或汉堡肉饼等，采用与平时不同的方法来烹饪让豆类更贴近我们的生活。

三款肉卷

不要留有空隙，将肉紧紧地卷起来

朴树猪肉卷

韩式牛肉卷

| 增加拿手菜 |

肉卷中不仅可以卷蔬菜，还可以卷
扇贝、虾、鹌鹑蛋等，做成"奢华
肉卷"。也可以将剩下的金平牛蒡、
凉拌芝麻菜豆等料理卷到里面，这
样的肉卷也非常美味。

茄子鸡肉卷

茄子鸡肉卷

材料（2 人份）

茄子鸡肉卷
鸡胸肉…150 g
长茄子…1 根
绿紫苏…4 片
盐…适量
梅肉酱汁
梅肉…1½ 大勺
砂糖…1/2 大勺
酱油…1/2 大勺
料酒…1/2 大勺

菜品搭配建议

· 醋味噌拌独活墨鱼
· 沙丁鱼丸汤

所需时间 45 分钟

处理茄子

1 在烤鱼架上用小火烤长茄子。烤至能一下子扎透即可。烤时盖盖子可以缩短烤茄子的时间。

2 将烤好的茄子泡在冰水里。当茄子充分变凉后剥掉茄皮。取出冷水中的茄子后，由于茄子的水分含量会变高，所以可以先沥除水再剥皮。

3 用漂白布裹住茄子，然后用力挤压以沥除水。将茄子挤成同一厚度，用力挤压较胖的部分。

处理鸡肉

4 去掉鸡胸肉上多余的皮和油脂并切掉筋。将鸡胸肉横片成两半（像对开门那样，从正中下刀，将鸡肉向左右两侧片）。

5 继续将较厚的部分片薄，让鸡肉的厚度均匀统一。

制作梅肉酱汁

6 用保鲜膜将鸡肉包住，然后用沾湿的敲肉器或锅底将肉打匀。如果不把敲肉器沾湿的话，会很容易将保鲜膜敲破。

7 将梅肉、砂糖、酱油、料酒按顺序倒入容器中，一边搅拌，一边让梅肉化掉。

用鸡肉将馅料卷起来

8 将鸡皮那面当作肉卷的内面将步骤 7 中的酱汁涂抹在上面。装盘时还要用到酱汁，所以要留出少许。

9 将绿紫苏铺在梅肉酱汁上再放上茄子。然后从正中间将鸡肉连带保鲜膜一起切成两等份。

10 用保鲜膜从边缘开始将鸡肉紧紧地卷起来。卷完后再将取下来的保鲜膜紧紧地卷在上面。用同样方法卷其他鸡肉。

煮鸡肉卷

11 用橡胶皮筋将两端系紧，然后将鸡肉卷放入 80℃的热水中煮。用烹调用纸当作小锅盖在上面，用小火煮 15 分钟左右。

装盘

12 煮熟后取出鸡肉卷，沥除水并拿掉保鲜膜，然后将鸡肉卷切成 1.5 cm 厚。接着将鸡肉卷放到铺有绿紫苏（分量外）的盘子里并放上梅肉酱汁。

韩式牛肉卷

材料（2人份）

牛肉蔬菜卷
薄片牛大腿肉…120 g
芦笋…4 个
薯蓣…4 条宽度与芦笋一样的薯蓣
芝麻油…适量
盐、胡椒粉…各适量

韩式酱汁
韩国辣椒酱…1 小勺
酒…25 mL
料酒…50 mL
酱油…25 mL

菜品搭配建议

· 水泡菜
· 豆乳汤

所需时间 25 分钟

3 用削皮器削掉薯蓣皮。如果太滑不好削的话，可以在手上蘸些盐。

4 将薯蓣切成 4 条与芦笋宽度一样的条状，然后将薯蓣切成 5 cm 长。

5 将芦笋和薯蓣一样也切成 5 cm 长。

8 将芦笋和薯蓣放到靠近自己一端的牛肉上。

9 将保鲜膜当作卷帘，从边缘开始紧紧卷起，不要留下空隙。将剩下的牛肉也同样地卷好。

烤牛肉卷

10 将锡箔纸铺到用来烤鱼的烤架的烤盘上，用厨房用纸在上面抹上芝麻油。

处理材料

1 用菜刀将芦笋茎上突起的部分（叶鞘）削掉。用削皮器削掉一层薄薄的皮，切掉芦笋的根部。

2 将芦笋放到水中浸泡 5 分钟左右以去除涩味。将芦笋放到含有 1% 盐（分量外）的热水中焯一下，焯熟后用笊篱将芦笋捞出来并扇风冷却。

制作韩式酱汁

6 将制作韩式酱汁的材料倒在容器里搅拌。先放辣椒酱，然后再放液体将辣椒酱拌匀。

将馅料卷到牛肉里

7 用保鲜膜将薄片牛腿肉包起来，用擀面杖稍微擀一下，然后撒上少许盐和胡椒粉。

11 将步骤 9 中的牛肉卷等间距地摆到烤盘里。放入烤架中烤至牛肉表面稍微变色，大约需要烤 4 分钟。

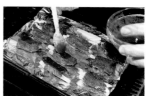

12 取出变色的牛肉卷，刷上韩式酱汁。然后再放入烤箱烤 3 分钟左右，当烤至金黄色后装盘即可。

朴树猪肉卷

材料（2 人份）
薄片猪腿肉…150 g
朴树嫩苗…1/2 把 (50 g)
胡萝卜…50 g
鸭儿芹…30 g
酒…1 大勺
酱油…1 大勺
黄油…1 小勺
盐、胡椒粉…各适量

菜品搭配建议
· 炖炸豆腐丸
· 洋葱秋葵味噌汤

所需时间 30 分钟

3 将鸭儿芹洗净并沥除水，切掉根部。按照朴树嫩芽的长度将鸭儿芹切成两等份。

用猪肉将馅料包起来

4 将猪肉放到保鲜膜上，放的时候不要完全对齐，稍微错开一些。然后再用保鲜膜盖住猪肉，然后用沾湿的敲肉器或锅底将肉敲平。

5 没有敲肉器时也可以用擀面杖。转动擀面杖将较厚的部分擀平，让肉的厚度均匀一致。

8 卷完后再将取下来的保鲜膜紧紧地卷在上面，紧紧捏住猪肉卷将肉卷捏成同一宽度，挤出多余的空气。

煎烤猪肉卷

9 将黄油放到用大火加热的煎锅中。油热后取掉保鲜膜将肉卷放到锅中煎烤。将肉卷的接缝处朝下放置并烤硬。

准备材料

1 切掉朴树嫩苗的根部，用手轻轻地将嫩苗分开。也可以用竹扦将嫩苗分开。

2 削掉胡萝卜皮，配合朴树嫩苗的长度和宽度将胡萝卜切成细丝。

6 在猪肉上撒少许盐和胡椒粉，将步骤 1 中的朴树嫩苗、步骤 2 中的胡萝卜和步骤 3 中的鸭儿芹放到猪肉上，然后切开肉片。

7 将保鲜膜当作卷帘，从边缘开始紧紧卷起，不要留下空隙。将另一片也同样地卷好。

10 将接触锅底一面烤好后用夹子翻动肉卷，将肉卷均匀地烤熟。

11 当整个肉卷烤成金黄色后加入酒和酱油并涂抹均匀。中间的馅料生着也可以吃，所以只需将猪肉烤熟即可。

装盘

12 取出煎锅中的猪肉卷。将其斜切成 2~3 cm 后装盘即可。

彩椒酿肉

茄子酿肉

肉类料理 **13**

三款酿肉料理

仔细煎制，防止馅料流出

| 增加拿手菜 |

可以在苦瓜、番茄、煮蛋等比较容
易挖空的食材中塞上肉馅，也可以
用莲藕或竹笋夹住肉馅煎炸，这样
做出的菜肴也非常美味。此外，还
可以用碾碎的芋头或鱼肉来代替
肉馅。

香菇酿肉

彩椒酿肉

材料（2人份）

青椒酿肉

牛肉、猪肉的混合馅料…180 g
红色彩椒…1 个 (250 g)
菜豆…2 个（20 g）
玉米（罐装、玉米粒）…3 大勺
帕尔玛干酪…1 大勺
猪牙花淀粉…适量
黄油…1 小勺
橄榄油…1 小勺
盐、胡椒粉…各适量
罗勒、百里香…各适量

简便辣味番茄酱

番茄酱…3 大勺
辣味番茄酱…1/2 大勺
芥末…1/2 大勺
伍斯特辣酱…1/2 大勺

菜品搭配建议

· 鸡肉牛油果沙拉
· 大蒜鸡蛋汤

所需时间 30 分钟

处理材料

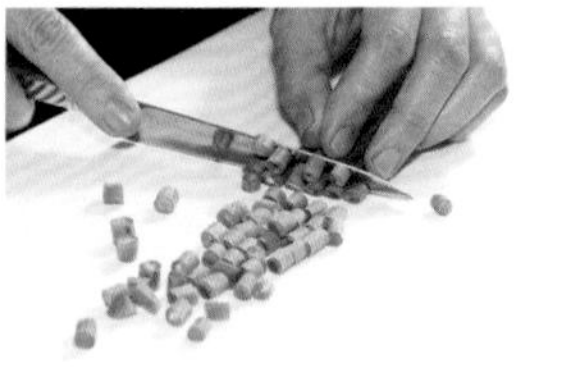

1 去掉菜豆的两端和豆角弦，参照玉米粒的大小将菜豆切成 7~8 mm 长。然后将菜豆放到含有 1% 盐（分量外）的热水中焯。

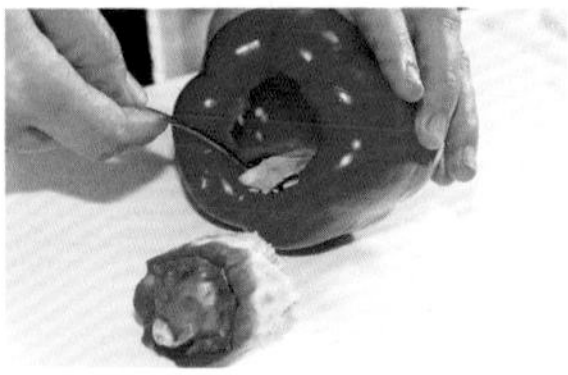

2 去掉红色彩椒的蒂、籽和瓤，用勺子将残留在彩椒里面的辣椒籽清理干净。

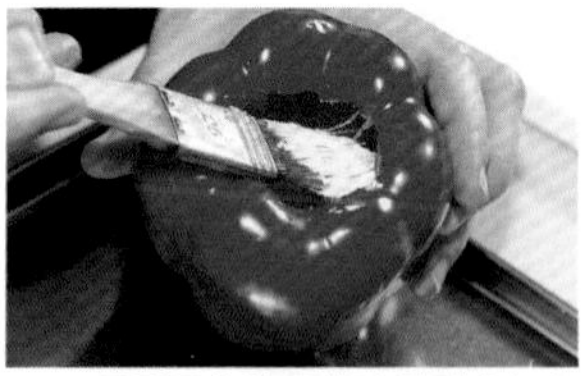

3 用刷子将猪牙花淀粉刷在红色彩椒的内侧。这样可以防止彩椒内的馅料掉出来。

制作馅料

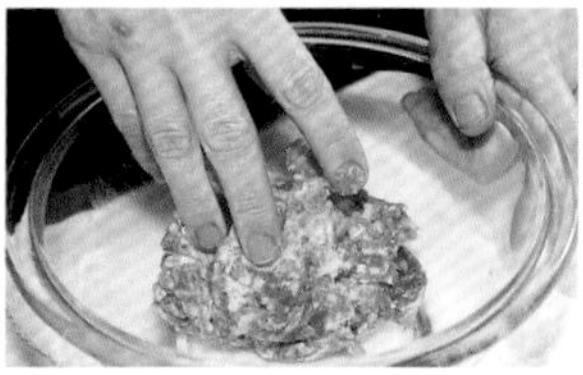

4 将帕尔玛干酪、一小撮盐和少许胡椒粉放到牛肉和猪肉的混合馅料里搅拌。搅拌至拿起馅料时馅料不会往下掉为止。

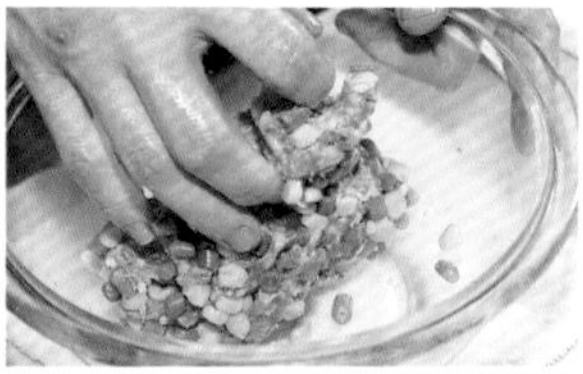

5 加入菜豆和玉米粒并搅拌均匀。

填充馅料

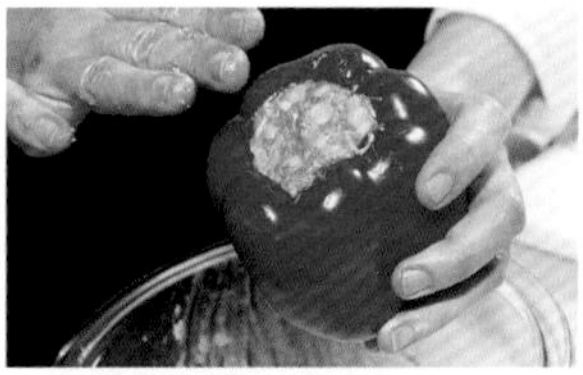

6 将馅料填充到彩椒里。一边用手指按压，一边将彩椒填的满满当当。也可以先将彩椒切开再填充馅料。

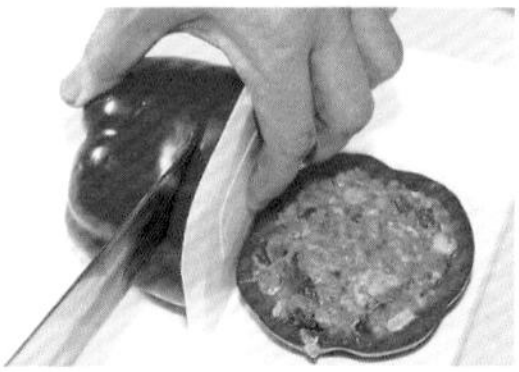

7 将彩椒切成 1.5 cm 厚的圆片。切的时候用切割板挡住切口以防止肉馅飞出。

煎制彩椒

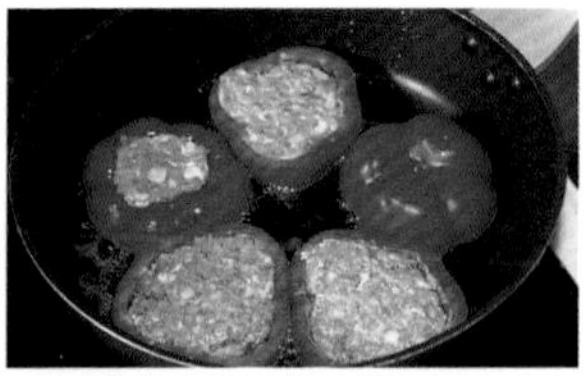

8 将黄油和橄榄油倒入用大火加热的煎锅中。放入步骤 7 中的彩椒煎制。

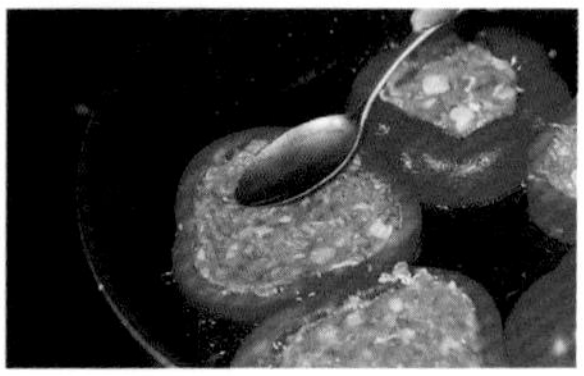

9 烤制时如果上面的肉鼓起来的话需要用勺子按压彩椒和肉馅之间的空隙。

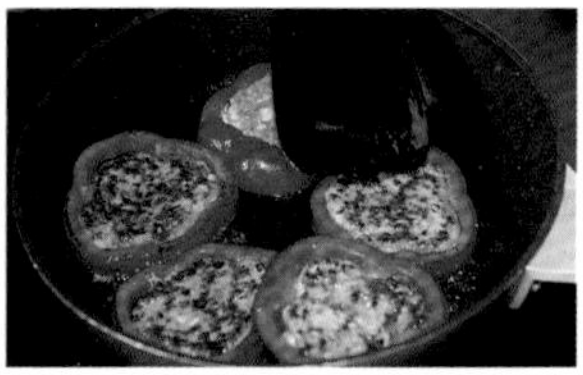

10 煎成金黄色后用锅铲将彩椒翻面，继续煎制另一面。

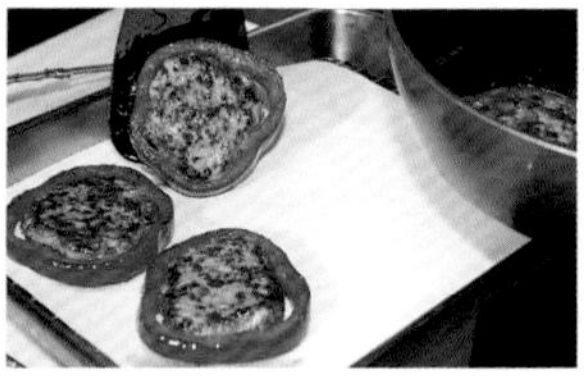

11 当将两面都煎成金黄色时取出彩椒并放到厨房用纸上以沥除油。装盘并放上罗勒和百里香。

制作简便辣味番茄酱

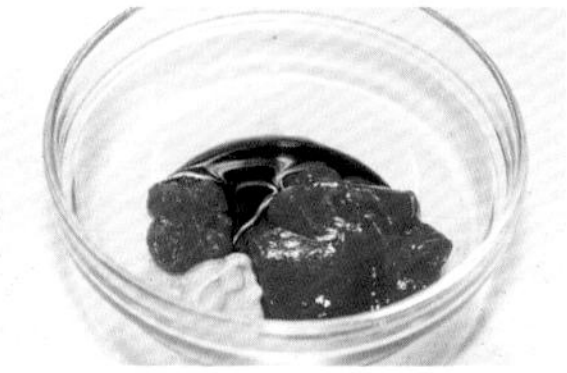

12 将番茄酱、辣味番茄酱、芥末和伍斯特辣酱倒进容器中搅拌均匀。然后将酱汁放到彩椒酿肉旁边。

茄子酿肉

材料（2 人份）

茄子酿肉

午餐肉（罐头肉）…60 g
茄子…1 个（150 g）
莳萝…2 片
猪牙花淀粉…适量
鸡蛋…1 个
低筋面粉…40 g
煎炸油…适量
盐、胡椒粉…各适量

制造配菜

萝卜泥…适量
酱油…适量
莳萝…适量

菜品搭配建议

· 酱拌萝卜
· 豆腐滑菇汤

所需时间 25 分钟

处理材料

1　去掉茄子蒂，将茄子竖着剖开，然后再从中间将茄子豁开。留下茄蒂，直到最后也不要切掉。

2　将茄子放到水中浸泡 10 分钟左右以去除涩味。然后擦干水。

制作馅料

3　将两片罗勒叠在一起并卷成一卷，然后从边缘开始将罗勒切成细丝。也可以使用绿紫苏。

4　用研磨棒将午餐肉捣碎后放入罗勒拌匀。将馅料放到塑料袋里，然后用手揉捏。

夹馅料

5　用刷子将猪牙花淀粉刷在已经沥除水的茄子的切口上，在茄皮上也撒些猪牙花淀粉。这样肉馅会黏在茄子上。

6　将步骤 4 中的午餐肉夹在茄子里。先将肉馅呈细长形放置在茄子上，然后按压茄子，将夹在中间的肉馅碾压开并整理好形状。

制作面衣

7　将鸡蛋、一小撮盐和少许胡椒粉放到碗中搅拌均匀。加入低筋面粉并用搅拌器搅拌至面衣变浓稠。

炸茄子

8　在茄子的外面裹上面衣。用勺背将面衣涂到茄子上。

9　将茄子放到 180℃的油中炸。慢慢地将茄子放到锅中，炸的时候尽量不要翻动茄子。

10　底下那面炸好后将茄子翻面，将另一面也同样炸熟。

11　将茄子炸酥脆后取出茄子并将茄子放到铺有厨房纸的滤油网上以沥除油。

装盘

12　将茄子酿肉斜切成 2~3 cm 后装盘。然后放入萝卜泥并浇上酱油，最后将罗勒放在上面。

香菇酿肉

材料（2 人份）
鸡肉馅…180 g
鸡软骨…2 个
香菇…6 个
榨菜…1 大勺
生姜…1/2 片
松子…18 粒
黑芝麻…1/2 小勺
酒…1/2 小勺
酱油…1/2 小勺
XO 酱…1/2 小勺
猪牙花淀粉…适量
黄油…1 小勺
色拉油…2 小勺
绿紫苏…适量

菜品搭配建议
· 黄瓜拌彩椒
· 大豆豆芽辣椒酱汤

所需时间 **20** 分钟

处理材料

1 将鸡软骨切成粗丁。切成粗丁后依然可以保留鸡软骨的口感。

2 将榨菜和生姜也像步骤 1 一样切成粗丁。

3 贴着伞干部分将香菇的菌柄切下来。这样填充馅料时会比较方便。

4 用刷子将猪牙花淀粉涂抹在香菇内侧。涂上猪牙花淀粉可以防止馅料掉落。

制作馅料

5 将鸡软骨、榨菜和生姜放到鸡肉馅中并将所有材料搅拌均匀。

6 再加入酒、酱油和 XO 酱搅拌。

填充馅料

7 将步骤 6 中的肉馅充分地填塞到香菇内侧。然后用硅胶铲将表面弄平。

8 将填充馅料的一面朝上放置，然后撒上松子和黑芝麻。

9 最后再撒上些猪牙花淀粉。撒的时候可以用刷子将手上的猪牙花淀粉慢慢扫落下去。

煎制香菇

10 将黄油和色拉油放入用大火加热的煎锅中，油热后将肉馅一面朝下放置到锅中。煎制时需要轻轻按压香菇。

11 煎 2~3 分钟当将锅底一面煎至金黄色后将香菇翻面。盖上锅盖蒸煎 7~8 分钟将香菇和肉馅煎熟。

装盘

12 将香菇取出并放到铺有厨房用纸的滤油网上以沥除油。将绿紫苏铺到盘子上后将香菇装盘。还可以根据个人喜好添加酱油或酱汁（分量外）。

第3章

鱼类料理

制作鱼类料理前需要掌握的信息

保存前无论如何都要仔细沥除水

在保存鱼贝类时一定要先擦干水再密封保存

　　与蔬菜相比鱼贝类更容易腐坏，所以一定要先仔细处理干净后再冷冻起来，这样才能保存较长的时间。

　　保存切成段的鱼时需要先擦干水并用保鲜膜包起来，然后再包上一层锡箔纸或者放到保存袋中并用吸管吸出空气后再冷冻起来。保存鲑鱼时要先将鲑鱼表面仔细煎制金黄色，保存虾或墨鱼时需要先将虾壳或墨鱼皮剥下来后再冷冻起来。冷冻前将虾尾以外的虾壳剥掉，取出墨鱼的内脏并剥去外边的薄皮，然后将墨鱼切成圆片放到保存袋中，这样解冻后就可以立即使用了。

　　超市等地出售的鱼有新鲜的，也有以冷冻的状态运达后再解冻出售的。后者比前者更容易腐坏，一般不能再次冷冻。即便可以冷冻保存也要尽早使用。或者也可以将鱼放到腌渍酱汁腌渍入味后再保存起来。

营养数据

鱼的身体中含有许多优质蛋白质源。竹笑鱼、沙丁鱼中所含的DHA（二十二碳六烯酸）作为可以促进大脑运作的营养成分而被世人所知。蛤蜊或扇贝这样的贝类中富含维生素B2，具有预防贫血的功效。此外，鲑鱼中含有丰富的维生素群，可以起到助消化的作用，同时还能促进钙的吸收。

保存方法

仔细擦干水

保存鱼贝类时如果留有水的话会很容易腐坏，所以保存前要用厨房用纸将水擦干。

保存整条鱼时要先取出内脏

保存整条鱼时要取出内脏并去掉鱼头。可以冷藏2天左右，冷冻起来可以保存2周左右。

用保鲜膜将鱼块逐个包起来

为了只解冻必要的分量需要用保鲜膜将鱼块逐个包起来。放到冷冻室里可以保存一个月左右。

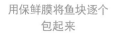

保存蛤蜊、蚬子时需要先去沙

先将贝类放到盐水中浸泡去沙后再保存起来。冷冻后可以保存1个月左右。

梅煮沙丁鱼

不时地淋上梅汁让鱼肉中渗入梅子的味道

| 增加拿手菜 |

梅子可以去除鱼肉的腥味，非常适合用来烹饪竹笑鱼、秋刀鱼等青鱼。也可以用生姜煮或番茄煮。此外，煮的时候也可以将烹饪用纸铺到锅底，这样可以防止将鱼肉煮烂。

梅煮沙丁鱼

材料（2 人份）

梅煮沙丁鱼
沙丁鱼…4 条
梅干…2 个
生姜…1 片
水…150 mL
梅酒…4 大勺
料酒…2 大勺
酱油…1 大勺
装饰用材料
花椒嫩芽…2 片

菜品搭配建议

· 五目豆
· 鱼肉饼大葱味噌汤

所需时间 40 分钟

处理沙丁鱼

3 在菜板上铺上纸，取出沙丁鱼的内脏后可以直接用纸包起来扔掉。此外，由于沙丁鱼体积比较小，所以用小刀来处理即可。

4 用刀背将放在菜板上的沙丁鱼的鱼鳞刮掉。从沙丁鱼的鱼尾向鱼头方向刮。

5 一手按压鱼头，从胸鳍后方下刀将腹鳍和鱼头一起切下来。

8 用整个刀片将内脏刮出来。用铺在菜板上的纸将内脏包起来丢掉。

9 准备好充足的冷水，用手指轻轻地清洗鱼腹内侧。用流水洗的话鱼身会被冲碎，所以要用静止的水来洗。

10 用毛巾将沙丁鱼上的水擦干。要注意将鱼腹内侧的水也仔细擦干净。

切生姜

1 削掉生姜皮。如果用菜刀比较难削的话也可以用勺子等将皮刮干净。

2 将生姜切成 1~2 mm 厚的薄片。然后将薄片叠在一起切成细丝。

6 将鱼的腹部朝右放置。在腹部上方的 8 mm 处切入，径直切到肛门处。

7 保持步骤 6 的样子将鱼剖开，将鱼腹切下来。鱼腹上几乎没有什么肉，可以直接切下来。

炖煮沙丁鱼

11 将水、梅酒、料酒、酱油和步骤 2 中的生姜倒入煎锅中。

12 取出梅干里的梅核，将梅肉和梅核放到步骤 11 的锅中并轻轻搅拌。放入生姜皮或梅干的梅核可以让菜看更加清爽。

13 用大火加热步骤 12 的煎锅并将汤汁煮沸。

14 煮沸后将装盘时沙丁鱼露在外面的一面朝上放到煎锅中，且注意让沙丁鱼的朝向一致。放置时让鱼腹朝前，鱼尾向右。

15 炖煮时要不停地将汤汁浇到沙丁鱼上。舀汤汁的时候可以将煎锅倾斜。

16 汤汁煮沸后将火改为中火并继续炖煮。然后继续往沙丁鱼上浇汤汁。

17 不时地将锅倾斜，让沙丁鱼浸在汤汁里。也可以盖上小锅盖来炖煮，但鱼皮会很容易粘到锅盖上面，所以最好将沙丁鱼浸到汤汁中煮熟。

18 炖煮到汤汁只剩一半时将火关掉。也可以尝一下汤汁的味道，煮到你觉得恰当的程度时再关火。

装盘

19 用锅铲将沙丁鱼盛到盘中。盛的时候注意不要将鱼弄碎。

20 将梅干和汤汁一起浇到沙丁鱼上。取出梅干的梅核或生姜皮后再浇汁。

21 用手拍打花椒嫩芽，让嫩芽发出香味。

22 将花椒嫩芽作为装饰放到沙丁鱼中间。

POINT!

不断将汤汁浇在沙丁鱼上

露在汤汁外面的部分会很难入味。为了让沙丁鱼能够均匀地入味，在炖煮时要不断地将汤汁浇在沙丁鱼上。要着重将汤汁浇在肉比较厚的地方。

浇汤汁时可以将锅倾斜，这样舀起汤汁来会比较容易。

✕ Mistake

用筷子夹鱼的话会很容易将鱼弄碎

加热后的沙丁鱼会很容易碎掉。用筷子等较细的工具夹鱼的话，沙丁鱼会很容易因为自身的重量而折断。所以要用锅铲、木铲等较平且面积较大的工具来小心地盛起沙丁鱼的鱼身。

不要因为沙丁鱼的鱼尾比较好拿就用筷子等夹沙丁鱼的鱼尾。

注意不要太频繁地使用锅铲翻动沙丁鱼，这样鱼皮会很容易剥落。

用发酵食品来代替调味料

将历史的智慧——发酵食品运用到菜肴中

冲绳豆腐乳

冲绳本地的食品。用泡盛酒将阴干的豆腐洗净，然后将豆腐浸泡在曲霉和醪糟中发酵。除了红色外，还有白色的豆腐乳。

使用方法!
可以将豆腐乳或豆腐乳的酱汁与味噌、酱油混合在一起制成烤鱼用酱汁，也可以与蛋黄酱混合在一起做成沙司。

适合的料理
烤青花鱼、什锦摊饼、章鱼烧、土豆沙拉，也可以混入各种调味汁中。

豆豉

中式调味料。是由加入曲霉和盐的大豆或黑豆发酵、干燥而成。具有独特的香气和风味。

使用方法!
可以将豆豉放到热水中煮汤，也可以将豆豉切碎或直接与其他材料一起炒。

适合的料理
豆豉炒蛤蜊、麻婆豆腐、鳗鱼拌紫菜、汤、凉拌豆腐的豆豉酱汁等。

泡菜

韩国的腌渍品之一。由白菜、萝卜、胡萝卜等蔬菜和辣椒等佐料一起腌渍而成。

使用方法!
可以将泡菜切碎与米饭一起煮，也可以和其他材料一起炒或者卷到包饭里食用，还可以放到热水中煮成汤。

适合的料理
什锦饭、菜肉烩饭、炒饭、朝鲜火锅、紫菜卷的馅料、凉拌、泡菜猪肉等。

盐辛

将墨鱼、鲣鱼、鳕鱼子等海鲜的内脏用盐腌渍、发酵而成。盐渍鲣鱼也被称为酒盗。

使用方法!
可以整个使用，也可以切成粗丁后再用，可以用来给饭或炒菜调味，也可以制成腌渍酱汁。

适合的料理
盐辛奶油意面、盐辛马铃薯培根、豆腐的顶饰等。

奶酪

在牛奶或羊奶中加入乳酸菌发酵、熟成而成。奶油干酪的提味效果较好。

使用方法!
可以将奶酪放到肉或鱼的上面再放进烤箱烤制，也可以将奶酪和味噌搅拌在一起制成酱汁。

适合的料理
薄脆煎饼、天妇罗、鱼或肉的腌渍酱汁、油炸食品的蘸汁等。

利用发酵食品调出不一样的味道

发酵食品是利用微生物的作用让食材发酵，使食材的成分发生变化的食品。比如在蒸熟的大豆中加入纳豆菌就可以让大豆发酵成纳豆。在奶油中加入乳酸菌发酵就可以得到发酵黄油。发酵不仅可以延长食品的保存期限还可以增加食品的美味程度和营养价值。酱油、味噌、酸奶和梅干也属于发酵食品。此外，韩国的泡菜、辣椒酱、中国的豆豉、腐乳、欧洲的生火腿、香醋等都是世界知名的发酵食品。

当然直接食用也非常美味，但发酵食品的味道一般都比较独特、浓烈，所以非常适合用来调味。比如可以使用发酵食品来熬煮汤汁，切碎后放到炒菜中，和食材一起腌渍等多种使用方法，大家不妨尝试一下。

油炸绿紫苏沙丁鱼

为了防止沙丁鱼碎掉一定要仔细定型

| 增加拿手菜 |

可以用梅肉＆台湾黄麻、明太子＆奶酪、山药等取代绿紫苏夹在沙丁鱼里，变换出多种形式。也可以反过来将沙丁鱼做成鱼丸，然后用绿紫苏或海苔夹住鱼丸并油炸，这也是一种变化形式。

油炸绿紫苏沙丁鱼

材料（2 人份）

油炸绿紫苏沙丁鱼

沙丁鱼…6 条
绿紫苏…3 片
大葱（葱白部分）…15 g
混合味噌…1 大勺
低筋面粉…适量
鸡蛋…适量
面包粉…适量
煎炸油…适量
盐…适量
配菜
胡萝卜…20 g
黄瓜…30 g
大葱（葱白部分）…10 g
酸橘…1 个
萝卜泥…100 g
酱油…适量
柚子胡椒粉…适量

菜品搭配建议
· 炖高野豆腐
· 圆白菜番薯味噌汤

所需时间 **40** 分钟

处理沙丁鱼

1 在菜板上铺上纸，用刀背刮掉沙丁鱼的鱼鳞。从沙丁鱼的鱼尾向鱼头方向刮。

2 一手按压鱼头，从胸鳍后方下刀将腹鳍和鱼头一起切下来。

3 将鱼的腹部朝右放置。在腹部上方的 8 mm 处切入，径直切到肛门处，将鱼腹切下来。

4 用整个刀片将内脏刮出来。将鱼骨内侧暗红色的鱼肉也刮出来。

5 用毛巾将沙丁鱼上的水擦干。要注意将鱼腹内侧的水也仔细擦干净。

6 将沙丁鱼的头部朝右，腹部内放置。将刀放平并从靠近鱼头的部分沿着鱼脊骨将鱼肉片开。

7 不要将鱼尾部分的肉切下来，让鱼肉连着鱼尾。

8 将沙丁鱼翻过来，鱼背朝内放置，与步骤 6 和步骤 7 一样将鱼肉片下来。同样切断鱼尾部分的鱼肉。

9 将片下来的 2 片肉以鱼尾为连接，然后将鱼脊骨切下来。可以用去除鱼刺的工具将留在鱼肉的鱼刺拔出来。

10 在方盘里撒上少许盐，将沙丁鱼鱼皮朝下地摆放方盘中。再从上面撒上一小撮盐，将方盘倾斜放置 10 分钟左右。

处理材料

11 将配菜用的胡萝卜、黄瓜和大葱切成细丝后放到冰水中浸泡 10 分钟左右。

12 将配菜用的酸橘横切成两半。用刀尖将籽挑出来。

13 切掉绿紫苏的茎。将绿紫苏叶纵向地卷成细筒状，然后从边缘开始将绿紫苏切细。需要一边用手轻轻按压，一边切。

14 将大葱切成细末。将步骤13中的绿紫苏和切碎的大葱放到混合味噌中并用刮铲仔细搅拌。

将馅料夹到鱼肉里

15 用厨房用纸擦掉沙丁鱼上的小，然后将沙丁鱼的鱼皮朝下放置到方盘中。然后将步骤14中的馅料涂到单侧的鱼肉上。

16 将夹着步骤14中的馅料的沙丁鱼合在一起，恢复到原来的形状。用保鲜膜包住沙丁鱼以防止沙丁鱼张开，定型后去掉保鲜膜。

17 将低筋面粉均匀地涂抹在沙丁鱼上。敲掉多余的淀粉后拿着鱼尾部分将搅匀的蛋液裹在沙丁鱼上。

18 将沙丁鱼放到铺有面包粉的方盘里并裹上面包粉。将面包粉撒到沙丁鱼的表面，然后用力按压。

炸沙丁鱼

19 将沙丁鱼放到180℃的油中炸。拿着沙丁鱼的鱼尾慢慢地将鱼放到油锅里，炸的时候还要不时地翻面。

20 当将沙丁鱼炸至金黄色且油中的泡沫变小时将鱼捞出并放到铺有滤油网的方盘里，沥除油。

装盘

21 仔细沥除步骤11中材料上的水，然后将其蓬松地装到盘子里。将稍微拧除水的萝卜泥、酱油、柚子胡椒粉和酸橘摆放到旁边。

用手将沙丁鱼剥开

可以不用刀，直接用手将沙丁鱼剥开。到步骤5的操作与菜谱所写一样，先去掉沙丁鱼的鱼鳞、鱼头和内脏。用手撕时虽然没有用刀切的利落，但很快就能将鱼剥开。

将沙丁鱼的腹部朝内放置，将手指插进脊骨和鱼肉之间，沿着脊骨滑动手指，将鱼肉从脊骨剥离下来。

用手指将脊骨从鱼身上拉出来。在鱼尾附近将脊骨折断。一边用手按压鱼身，一边将中骨拉出来，以防止鱼骨残留在鱼肉中。

POINT!

用保鲜膜将沙丁鱼定型

如果保鲜膜包得不紧，进行油炸时沙丁鱼就会散开，馅料也会掉出来。所以一定要用保鲜膜将沙丁鱼仔细固定好，这样炸的时候沙丁鱼才不会散开。

像包糖纸那样将保鲜膜的两端拧紧，这样馅料才会和沙丁鱼黏在一起。

做菜的技巧与要点 ㉓

香味食材的有效用法

是不是完全不知道怎么用？下面就来了解一下如何引出香味食材的香气

柚子

柑橘类果实。夏天果实呈绿色，成熟后果实会变成黄色。可以用来做高汤或料理。

有效用法！

将锡箔纸铺在擦菜板上，然后将柚子皮擦成细丝。

芥末

具有独特的辛辣味道和香味的蔬菜。可以作为生鱼片或料理的佐料。

有效用法！

用刷帚将芥末洗净，削去上面的突起，只将必要的分量擦碎即可。

干辣椒

由日本产的外皮较薄的辣椒晾干而成。与其他材料一起炒可以散发出香味。

有效用法！

去掉辣椒籽，将干辣椒放到水中泡软后切细。

襄荷

襄荷是姜科植物的花穗部分。茎的部分被称为襄荷嫩芽。

有效用法！

切薄切细后的襄荷会散发出香气。需要浸泡在醋水里去涩。

如果能够自由地控制香气就可以晋升为料理高手

虽然料理的味道也很重要，但香气和外观也不容忽视。料理的香气也叫作嗜好成分，可以让料理更加诱人，起到增加食欲的作用。同时还能起到去除异味、延长保存期限的效果。

在制作日本料理时加入比较常见的生姜、绿紫苏和襄荷就可以轻易地引出香气。此外，使用花椒、柚子、水蓼叶等时令食材时还可以体现出季节感。

如果能够了解各种食材的特点就可以巧妙地给料理添加香气。比如可以将生姜或绿紫苏切细，将柚子皮擦碎，这样断面会更容易散发出香气。此外，绿紫苏受热后香气会更加浓郁，所以要先烘烤后再装盘。利用生姜等去除异味时，可以像味噌青花鱼那样，将需要去除异味的食材和香味更加浓烈的食材组合起来，这样可以起到更好的效果。

南蛮醋渍油炸小竹笑鱼

仔细炸至鱼骨也能食用

| 增加拿手菜 |

将处理干净的小竹笑鱼放到阴凉的地方阴干1小时后再进行油炸，这样南蛮醋会更好地渗入到鱼肉里。此外，南蛮醋和白身鱼、红身鱼、淡水鱼、虾、蛤蜊等鱼贝类的油炸物都非常搭，大家不妨尝着做一下。

南蛮醋渍油炸小竹笑鱼

材料（2 人份）

小竹笑鱼…12 条
茄子…1 个（150 g）
洋葱…1/2 个（100 g）
胡萝卜…50 g
大葱（葱白部分）…1 根
灯笼椒…4 个（16 g）
猪牙花淀粉…适量
煎炸油…适量
色拉油…1 大勺
盐…适量

腌渍汁
辣椒…1 个
汤汁…4 大勺
砂糖…1 大勺
醋…4 大勺
酱油…4 大勺
料酒…1 大勺

菜品搭配建议

· 白芝麻拌菜
· 荷包蛋味噌汤

所需时间 50 分钟

处理小竹笑鱼

1 单手拿着小竹笑鱼，鱼头朝里。一边用流水冲洗，一边用刀从肛门处向头部划开，一直划到腹鳍后面。

2 将手指伸到小竹笑鱼的鳃盖里并扯出鱼鳃。

3 手指伸进切开的鱼腹中并将内脏取出。移动手指时注意不要将切口弄得太大。

4 取出内脏后用装在碗里的水将鱼腹的内侧仔细洗净。

5 将洗净的小竹笑鱼放到铺有毛巾的方盘里，仔细沥除水。

6 在另一个方盘里撒上一小撮盐，放入小竹笑鱼。再在上面撒上一小撮盐后放置 10 分钟左右。将方盘倾斜放置以便于水流出。

处理蔬菜

7 去掉茄子蒂后将茄子横切成两半。将茄子两端切掉少许，较平的一面朝下将茄子放稳，然后将茄子切成 6~7 mm 厚的条状。最后将茄子浸到水中以去除涩味。

8 与洋葱的纤维成垂直状，将洋葱横切成两半。然后沿着纤维将洋葱切成 5 mm 厚的薄片。

9 去掉胡萝卜皮，参照步骤 7 中茄子条的大小，将胡萝卜切成 5 mm 厚的条状。

10 将大葱切成 4 cm 长的段，沿着纤维将大葱切半。切口朝下，从边缘开始沿着纤维将大葱切成 6~7 mm 厚的细丝。

11 用竹扦在灯笼椒上扎几个孔。这样可以防止油炸时由于里面的空气膨胀而将辣椒撑破。

12 将用于制作腌渍汁辣椒的辣椒柄去掉，用竹扦将辣椒籽弄出来。将辣椒放到温水中泡软，然后用剪刀将辣椒剪成 2~3 mm 厚的圆环状。

13 将汤汁、砂糖、醋、酱油和料酒倒入容器中，一边搅拌，一边让砂糖融化。

14 将色拉油放到用大火加热的煎锅中加热。油热后加入茄子、洋葱、胡萝卜、大葱翻炒。一边摇晃煎锅，一边炒。

15 加入辣椒继续炒。然后将步骤 13 中的腌渍汁倒入锅中。将蔬菜炒软且稍微上色后再加入腌渍汁。

16 将灯笼椒放入170℃的油中炸。炸10秒后快速地取出灯笼椒。

17 擦干小竹笑鱼上面的水，然后均匀地涂抹上猪牙花淀粉。敲掉鱼身上多余的淀粉。

18 将小竹笑鱼放到步骤 16 的油中炸。油温保持在170℃，手拿鱼尾将小竹笑鱼慢慢地放到油锅里。

19 不时地翻动小竹笑鱼，炸8分钟左右直到油中不再起泡。慢慢地炸可以去除鱼腥味，炸好后连鱼骨都可以吃。

20 由于水分减少，小竹笑鱼会变轻，完全炸熟后用笊篱将鱼捞出。最后用大火再炸一下可以让鱼更加酥脆，还能去油。

21 将装有小竹笑鱼的笊篱叠放在碗里，仔细沥除油。在马上要结束油炸时用大火给装有腌渍汁的煎锅加热。

22 当腌渍汁煮沸后将小竹笑鱼放到锅中腌渍并关火。中途需要将小竹笑鱼翻面，让两面能够浸渍均匀。

23 先将小竹笑鱼从煎锅中取出来，然后将小竹笑鱼慢慢地铺放到耐热容器中。

24 将煎锅中的蔬菜和腌渍汁倒在小竹笑鱼上，让小竹笑鱼充分吸收蔬菜中的水分和腌渍汁。用硅胶铲将表面的蔬菜弄平。

25 将菜放到冰箱里冷藏20~30分钟。然后将小竹笑鱼和蔬菜装盘，最后再放上灯笼椒。装盘前倾斜容器让腌渍汁能够分布得更加均匀。

✖ Mistake

吃的时候发现鱼骨很硬

当小竹笑鱼周围的气泡变小，拿起来后感觉变轻时说明鱼已经完全炸熟了。慢慢地炸到鱼骨也能吃。

如果竹笑鱼周围的气泡较大、较多的话说明鱼还未炸熟。

根据腌渍材料的变化制成 3 种不同的腌渍食谱

只用基础的材料腌渍就能制成简单的腌渍菜肴

腌渍盐

材料（2 人份）

香辛料（百里香、月桂、黑胡椒粉、香菜籽的混合）…1 大勺
盐…20 g
砂糖…4 g

制作方法

将香辛料大致切碎，然后加入盐和砂糖拌匀。

腌渍油

材料（适量）

EXV 橄榄油… 90 mL
柠檬榨汁…2 大勺
芥末…1 大勺
盐、胡椒粉…各少许

制作方法

用打蛋器将橄榄油以外的材料搅拌均匀。然后一边一点点地倒入橄榄油，一边搅拌。

腌渍液

材料（适量）

月桂…2 片
香菜籽…20 粒
白葡萄酒醋…240 mL
水…160 mL
砂糖…4 大勺
黑胡椒粉…10 粒
盐…1 大勺

制作方法

将所有材料都放入用大火加热的煎锅中，煮沸后继续熬煮 2~3 分钟。

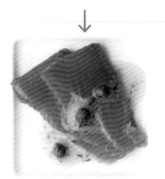

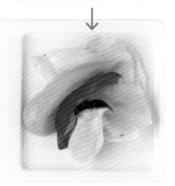

腌渍三文鱼

制作方法

将腌渍盐涂抹在三文鱼（生鱼片等生食用）上腌渍 2~3 小时。洗掉三文鱼上面的盐，然后将拌有切碎的莳萝腌渍油淋在上面。最后放上刺山柑。

腌渍蘑菇

制作方法

用橄榄油翻炒蟹味菇和杏鲍菇，然后将蘑菇放到腌渍油中浸泡 30 分钟左右。最后放上意大利香芹。

西式泡菜

制作方法

将腌渍液煮沸后加入圆白菜、红色与黄色彩椒、杏鲍菇。煮沸后将火关掉，直接放置半天即可。

应用于保存食品的腌渍法能够起到哪些作用？

　　日语中的腌渍来源于法语，原本是指用海水或盐水来腌渍，后来逐渐变成用醋、油、葡萄酒等腌渍汁来腌渍食品的意思。腌渍可以让肉或蔬菜变软，烹饪起来会更容易，同时还可以延长菜肴的保存期限。比如在炖牛肉时可以用洋葱等香味蔬菜和红葡萄酒将牛肉腌渍一个晚上，这样牛肉会更加入味、柔软，炖煮时牛肉的鲜味就会散发出来，菜肴的味道也会更加醇厚。

　　腌渍法不仅可以用来腌制西式泡菜，腌渍肉或鱼时还会让食材更加清爽。如果想让菜肴的味道略微浓重一些的话可以使用加入橄榄油或色拉油的腌渍油来腌渍。总之，可以根据要腌渍的材料和想要的味道来改变腌渍方法。

浇汁炸鱼

为了防止结块要仔细搅拌猪牙花淀粉

| 增加拿手菜 |

可以多做些浇汁冷冻起来，将浇汁应用于各种料理。比如可以将浇汁淋在煎豆腐上做成豆腐牛排，浇在炒意面上做成浇汁意面，此外，浇汁和炸蔬菜也非常搭。

浇汁炸鱼

材料（2人份）

鲈鱼…240 g

猪牙花淀粉…适量

煎炸油…适量

盐…适量

浇汁

洋葱…40 g

红色彩椒…30 g

黄色彩椒…30 g

毛豆（冷冻的也可以）…25 g

大葱（葱白部分）…10 g

生姜…1/4 片

鸡架汤…120 mL

加水化开的猪牙花淀粉…将猪牙花淀粉和水各 1 大勺搅拌在一起

色拉油…1 大勺

盐、胡椒粉…各适量

混合调味料

淡酱油…1 大勺

酒…1 大勺

醋…2 大勺

砂糖…2 大勺

菜品搭配建议

· 裙带菜竹笋炖菜（炖竹笋）

· 萝卜小松菜味噌汤

所需时间 **30** 分钟

处理鲈鱼

1 在鱼皮的表面划几刀。在肉较厚的部分划 2 刀，较薄的部分划 1 刀，一共划 3 刀。

2 将鲈鱼切成 3 cm 宽的段。肉里有鱼刺时需要用去除鱼刺的工具将鱼刺拔出。鲈鱼的刺非常锋利、坚硬，一定要清理干净。

3 向方盘里撒一小撮盐，鱼皮一面朝上将鱼肉放到方盘里。再取一小撮盐均匀地撒在鱼肉上，将方盘倾斜放置 10 分钟左右。

处理蔬菜

4 将浇汁用的洋葱切成 1 cm 见方的小块。将生姜和大葱切成碎末。

5 去掉红色彩椒的蒂、里面的辣椒籽和瓤。将彩椒切成 1 cm 厚的条。

6 转动 90°，将红色彩椒横切成 1 cm 见方的小块。将黄色彩椒也同样地切成 1 cm 见方的小块。

7 将毛豆煮 4~5 分钟后剥去荚，取出里面的豆粒。如果使用的是冷冻毛豆，可以先将毛豆浸泡到水中，解冻后再取出豆粒。

炸鲈鱼

8 当去掉鱼肉中多余的水分和腥味后结束腌渍。

9 将鱼肉放到厨房用纸上并擦干上面的水。从上方轻轻按压，仔细擦干鱼肉上多余的水。

10 在鱼肉上涂满猪牙花淀粉，敲掉上面多余的淀粉。仔细擦干水后再涂抹，这样附着在鱼肉上的淀粉才会比较适量。

11 将鱼肉放到 180℃的油中炸。鱼皮朝下，将鱼肉慢慢地放到油锅里。

12 不时地翻动鱼肉,炸3分钟左右。当气泡变小,鱼肉炸酥后取出鱼肉。

17 将洋葱和彩椒炒软后加入毛豆继续炒。

22 将步骤13中的鱼肉装盘并将步骤21中的浇汁浇在上面。

13 在放有滤油网的方盘上铺上两层厨房用纸。将鱼肉放在上面,沥除油。

18 将步骤14中的混合调味料倒入锅中。在临加入前再次将调味料仔细搅拌均匀。

POINT!

敲落鱼肉上的猪牙花淀粉

如果鱼肉上有多余的猪牙花淀粉残留,那么炸的时候淀粉就会结成块。面块会扩散到油中将油弄浑。另外,如果面衣太厚,就会吸收大量的油,炸出来的鱼肉会变得特别油腻。

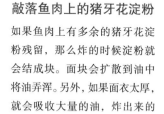

在鱼肉上涂满猪牙花淀粉,然后再用一只手将上面的淀粉敲落。

制作混合调味料

14 将淡酱油、酒、醋和砂糖倒在容器里,仔细搅拌均匀。

19 加入少许盐和胡椒粉,再倒入鸡汤汆。出现浮沫时用汤勺将浮沫舀出。

可以先将猪牙花淀粉加到混合调味料里

将猪牙花淀粉提前加到混合调味料中可以让操作更简单。但是淀粉比较容易沉淀,所以加入前一定要仔细搅拌。如果淀粉和液体是分离状态,最后淀粉就会残留在容器底部,勾芡也会失败。

制作浇汁

15 将1大勺色拉油放到用小火加热的煎锅中。油热后放入生姜翻炒,然后再放入大葱炒香。

20 加热3分钟左右将汤汁煮沸,然后将猪牙花水淀粉一点点地画圈倒入锅中。边倒边搅拌。

从容器底部仔细搅拌,当淀粉融入液体中时立即倒进锅中。

16 加入红色彩椒和黄色彩椒继续翻炒。要先将生姜和大葱炒香后再放入彩椒。

21 将所有材料都搅拌均匀让浇汁更加黏稠。

学习各种不同的浇汁做法，让炸鱼更美味

色彩鲜艳的浇汁不仅可以用来勾芡还可以增加食欲

芥末酱浇汁

材料（2人份）

芥末…1 小勺
伍斯特辣酱…2 大勺
番茄酱…1 大勺
蜂蜜…1 大勺
酒…2 大勺
酱油…1/2 大勺
猪牙花淀粉…1/2 小勺

制作方法

❶将伍斯特辣酱、番茄酱、蜂蜜、酒、酱油和猪牙花淀粉放入大火加热的锅中煮 1~2 分钟。
❷去掉余热后加入研碎的芥末拌匀。

苹果酱浇汁

材料（2人份）

苹果…200 g
蜂蜜…2 大勺
白葡萄酒…3 大勺
鸡肉清汤…250 mL
水溶猪牙花淀粉…将猪牙花淀粉和水各 2 小勺混合搅拌均匀
黄油…2 大勺
盐、胡椒粉…各适量

制作方法

❶将黄油放到用大火加热的锅中，油热后将切成 5 mm 小块的苹果放到锅中仔细翻炒。
❷加入蜂蜜、白葡萄酒、鸡肉清汤，一直煮到苹果变软。然后加入猪牙花淀粉勾芡，再加入少许盐和胡椒粉调味。

干烧虾仁浇汁

材料（2人份）

大葱（葱白部分）…20 g
大蒜…1/2 瓣
生姜…3 g
豆瓣酱…1 大勺
色拉油…1½ 大勺

A ┌ 鸡架汤…6 大勺
  │ 番茄酱…6 大勺
  │ 酒…1 大勺
  │ 醋…1 大勺
  │ 猪牙花淀粉…1 小勺
  └ 盐…一小撮

制作方法

❶将色拉油倒进用大火加热的煎锅中，油热后加入大致切碎的洋葱、切成细末的大蒜和生姜翻炒。
❷炒香后加入豆瓣酱继续炒。然后加入A，一边搅拌，一边勾芡。

制作浇汁料理时不可或缺的猪牙花淀粉的作用

制作八宝菜或浇汁炒饭的浇汁时需要先用等量的水将等量的猪牙花淀粉化开后再进行勾芡。勾芡这道工序不仅可以改变料理的口感，还可以起到增加料理的光泽，维持料理温度的作用，不仅仅是中华料理，在其他料理中也被广泛使用。

用于勾芡的材料除了猪牙花淀粉外，还有低筋面粉、玉米粉和葛根粉。使用玉米粉勾芡时和猪牙花淀粉一样，需要先加入等量的水将玉米粉化开。在制作西式汤品或西式炖菜时在炒制基本食材阶段可以加入低筋面粉或由低筋面粉和黄油炒制而成的油炒面来进行勾芡。此外，还可以使用含有大量淀粉的白饭或面包来进行勾芡。先将面包撕成小块，然后将面包和汤汁一起放进搅拌机打碎后就可以用来勾芡了。制作日本料理时也和中华料理一样，要先用等量的水化开猪牙花淀粉或葛根粉来进行勾芡。

香味油淋鱼

将香味油加热到滋滋作响的高温

| 增加拿手菜 |

多做些香味油，将油保存到瓶中备
用。香味油具有中华料理的独特香
味，可以淋在煮青菜或蒸鸡上给菜
肴增加香味，用来炒面时可以彻底
改变面的味道。

香味油淋鱼

材料（2 人份）
黑鲻鱼…2 条
灰树花…1/2 包
大葱（葱白部分）…25 g
生姜…1/2 片
酒…3 大勺
水…3 大勺
酱油…1 大勺
盐…适量
香草…适量
香味油
大蒜…1/2 片
色拉油…1~2 大勺

菜品搭配建议
· 皮蛋豆腐
· 木耳鸡蛋汤

所需时间 **40** 分钟

处理黑鲻鱼

1 用刀背刮去黑鲻鱼的鳞片。从鱼尾向鱼头方向刮掉鳞片。

2 在黑鲻鱼的腹部划出 3 cm 长的刀口。鱼头朝右，鱼背向内，在装盘时朝上的那面划出一道刀口。

3 用手指掀起鱼鳃盖，用刀尖将两边的鱼鳃切掉。注意不要弄掉鱼下巴。

4 手指伸进鳃盖里将鱼鳃掏出来。内脏比较容易断，所以要慢慢掏出来。

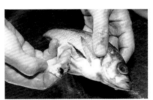

5 手指伸进步骤 2 中的刀口里并将所有的内脏掏出来。为了避免将刀口弄大要轻轻地将内脏掏出来。

6 用装在碗里的水将黑鲻鱼清洗干净。将鱼腹内深红色的肉也清洗干净。如果比较难清理的话可以用筷子等将肉刮出来。

7 将黑鲻鱼的鱼头向左，鱼腹向里，装盘时朝上的那面向上放置。在鱼身的中央划上 × 形的刀口。

8 方盘里撒少许盐，将黑鲻鱼上的那面向上放置到方盘中。再将一小撮盐均匀地撒在鱼身上，然后将方盘倾斜放置 10 分钟左右。

处理蔬菜

9 去掉灰树花的根部，然后用手将灰树花掰成 4~5 等份。

10 将大葱切成 5 cm 长的段，沿着纤维将葱切开。将葱白部分叠在一起切成细丝。大葱的葱心留到炖鱼时使用。

11 将带皮的生姜切成薄片。剥去大蒜的蒜皮，将大蒜也切成薄片。

炖煮黑鲻鱼

12 将葱心和生姜铺到煎锅的锅底。用毛巾擦去黑鲻鱼身上的水后将鱼放到上面。把灰树花摆到锅的四周，然后将酒均匀地淋在食材上。

13 再将 3 大勺水均匀地浇在食材上面，然后盖上锅盖用小火煮 6~7 分钟。

制作香味鱼

14 将 2 大勺色拉油和大蒜放到另一个用中火加热的煎锅中。当有气泡冒出时将火调成小火，将大蒜煎炸至金黄色。

15 将笊篱叠放在碗上，将步骤 14 中的油倒入笊篱中以沥除大蒜。然后将带有蒜香的油重新倒回煎锅里。

炖煮黑鲪鱼

16 5 分钟后将步骤 13 锅里的灰树花取出来，然后分几次将汤汁浇在鱼肉较厚的地方。最后盖上锅盖继续煮。

17 通过观察黑鲪鱼表面的刀口判断鱼肉是否煮熟。当鱼肉变成白色且已经与鱼骨分离时说明鱼已经煮熟。

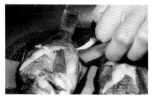

18 当臀鳍靠近鱼头一侧的最粗的那根鳍棘变软我们可以很利落地将其拔下来时，这就说明鱼已经完全煮熟了。

19 将汤汁倒进叠放有笊篱的碗中以滤除里面的生姜和大葱。然后倒入酱油搅拌。用锅铲在上面按压，仔细将汤汁过滤干净。

装盘

20 将黑鲪鱼和灰树花装盘，将步骤 19 中的汤汁淋在上面。

21 将步骤 10 中的大葱放到鱼身上，加热香味油，然后将香味油淋在鱼身上。将香味油加热至冒出薄薄的轻烟即可。

22 将香草撒在大葱上，然后将步骤 15 中过滤出来的大蒜放在上面。

使用微波炉制作时

也可以用微波炉来炖鱼。鱼煮熟后与步骤 19 一样将汤汁过滤。然后再按照步骤 14~15 的操作制作香味油，最后按照步骤 20~22 的操作装盘即可。

1 将大葱的葱心和生姜铺在耐热容器中，然后将黑鲪鱼放在上面。接着将酒均匀地淋在上面。

2 用保鲜膜封住容器，然后放入微波炉加热 2~3 分钟。抻开保鲜膜，封住容器口。

3 取出微波炉中的耐热容器，将汤汁浇到鱼身上。然后再用保鲜膜封住容器，继续加热 2~3 分钟。

4 当臀鳍靠近鱼头一侧的最粗的那根鳍棘变软我们可以很利落地将其拔下来时，这就说明鱼已经完全煮熟了。

中华料理中非常重要的香味油是指什么

根据不同的料理来选择适合的香味油

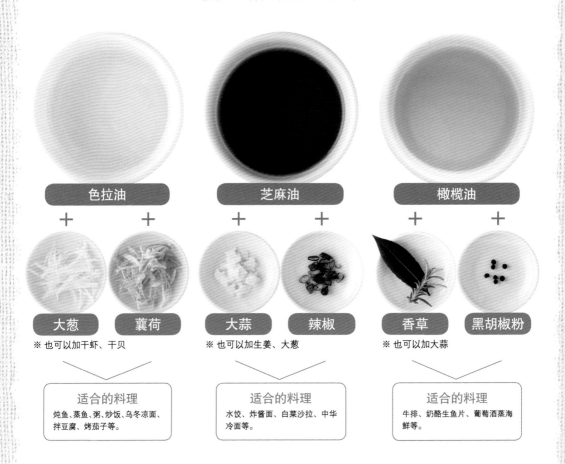

色拉油	芝麻油	橄榄油
+ +	+ +	+ +
大葱 / 蘘荷	大蒜 / 辣椒	香草 / 黑胡椒粉

※ 也可以加干虾、干贝

※ 也可以加生姜、大葱

※ 也可以加大蒜

适合的料理
炖鱼、蒸鱼、粥、炒饭、乌冬凉面、拌豆腐、烤茄子等。

适合的料理
水饺、炸酱面、白菜沙拉、中华冷面等。

适合的料理
牛排、奶酪生鱼片、葡萄酒蒸海鲜等。

中华料理散发出诱人香味的原因

在料理的收尾阶段浇上可以增添香味的热油是中华料理中常用的手法。这种油就是香味油，制作时可以将油和大葱、生姜和大蒜一起加热，让材料的香味进入到油中，也可以将香味食材撒在料理上，然后再浇上热油来给料理增加香味。

香味油可以给白身鱼、蔬菜等味道比较清淡的食材增加香味和浓郁度。把油加热到冒出轻烟，关键是将油浇在食材上时能够发出滋滋声。使用鸡肉的油脂、花椒、辣油制作的香味油会比较正宗。

可以一次性地多做些香味油储存起来。此时先将油放到煎锅中加热，然后放入香味食材让香味慢慢地进入油中。等到香味进入油中后将冷却的油倒入密闭容器中并放入冷藏室，大概可以保存1周左右。使用时要先将油加热。

法式黄油烤虹鳟鱼

鱼类料理 06

两款西式烤鱼

烤的时候要让香草的香气充分释放出来

| 增加拿手菜 |

莳萝、香蜂花叶等香草非常适合用
来烹饪鱼类。此外，可以将香草和
面包粉混合在一起，然后放在竹笺
鱼、秋刀鱼等青鱼上面制成香草烤
鱼，也可以用黄油来烤白身鱼。

香草三文鱼

香草三文鱼

材料（2 人份）

香草三文鱼
三文鱼…2 块
橄榄油…1/2 小勺
盐、胡椒粉…各适量

蛋黄酱酱汁
黑橄榄…2 个
香芹…1 枝
鳀鱼酱…1/2 小勺
蛋黄酱…1 大勺

配菜
四季豆…6 个（60 g）
胡萝卜…1/4 个（40 g）
芹菜…40 g
薯蓣…40 g
黄油…5 g
盐、胡椒粉…各适量

菜品搭配建议
· 冷牛肉沙拉
· 洋葱汤

所需时间 **40** 分钟

制作配菜

1 去掉四季豆的豆角弦后切成 5 cm 长。削掉胡萝卜和薯蓣的皮，将芹菜洗净。将它们切成 5 mm 厚、5 cm 见方的四方形长条。

2 将步骤 1 中的蔬菜装入耐热容器中并加入黄油。然后再撒上一小撮盐和少许胡椒粉。

3 用夹子将蔬菜拌匀。搅拌的时候注意让黄油、盐和胡椒粉均匀地分布到蔬菜上。

4 用保鲜膜封住容器，然后放入微波炉中加热 1 分 30 秒左右。

5 用夹子将加热后的蔬菜拌匀。盖上保鲜膜，继续加热 1 分 30 秒左右。

制作蛋黄酱酱汁

6 将蛋黄酱、鳀鱼酱、切碎的香芹和黑橄榄放入容器中仔细搅拌。

处理三文鱼

7 撒一小撮盐在方盘里，鱼皮一面朝上将三文鱼放到盘中。再将一小撮盐均匀地撒在鱼肉上，然后将方盘倾斜放置 10 分钟左右。

8 用厨房用纸将三文鱼包起来，仔细擦去上面的水。

9 将胡椒粉均匀地撒在三文鱼的两面，然后再将橄榄油浇在鱼肉上。用手将橄榄油涂匀。

烤三文鱼

10 将三文鱼鱼皮朝上放到烤鱼架上。用大火烤 3 分钟将三文鱼烤至金黄。刷点醋在烤网上可以避免鱼粘在烤架上。

11 烤好后铲起三文鱼翻面。为了防止鱼肉粘在网上用刮板小心地将三文鱼铲起来。

12 将步骤 6 中的酱汁涂抹在三文鱼上。用大火烤 3 分钟左右将三文鱼烤酥脆。将步骤 5 中的配菜铺在盘子里，然后将三文鱼装盘。

法式黄油烤虹鳟鱼

材料（2人份）

法式黄油烤虹鳟鱼
虹鳟鱼…2 条
低筋面粉…适量
黄油…15 g
色拉油…1 大勺
盐、胡椒粉…各适量

榛子黄油
黄油…50 g
切片大杏仁…1 大勺
刺山柑…1 大勺
柠檬榨汁…1/2 个柠檬的量
盐、胡椒粉…各适量
香芹（切碎）…1 小勺

配菜
胡萝卜…50 g
莲藕…50 g
南瓜…40 g

菜品搭配建议

· 鸡肉青豆沙拉
· 意人利汤面

所需时间 40 分钟

绞出虹鳟鱼的内脏

1 用刀背去掉虹鳟鱼的鳞片和表面上的黏液。从肛门处向鱼头方向划出 1 cm 长的刀口。

2 从划口处将与肛门相连的鱼肠挑出来并剪断。

3 将剪刀伸进鳃盖里剪断鱼鳃。

4 将一次性筷子伸进鱼嘴里，穿过鱼鳃将筷子向肛门方向插。将鱼翻面，将另一根筷子也同样地插进去，让两根筷子交叉。

5 反方向地转动虹鳟鱼和筷子让鱼肠缠在筷子上，然后拽出内脏。用流水冲洗鱼腹，让污秽从肛门流出。

制作配菜

6 莲藕切成 5 mm 厚的薄片，泡在醋水（分量外）中。去除南瓜的种子和瓤后，切成 5 mm 厚的薄片，胡萝卜切 5 mm 厚。

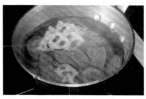

7 将蔬菜放到含有 1% 盐（分量外）的热水中煮。胡萝卜煮 5 分钟，莲藕煮 4 分钟，南瓜煮 3~4 分钟，煮到能够用竹扦将蔬菜扎透为止。

煎烤虹鳟鱼

8 将两撮盐、一小撮胡椒粉和低筋面粉涂在虹鳟鱼上。将黄油和色拉油放到用大火加热的煎锅中，油热后放入虹鳟鱼煎烤。

9 煎烤 5 分钟左右，当虹鳟鱼烤至金黄时将鱼翻面。煎烤时要不断地将油浇到鱼身上，然后抖掉鱼身上的油并将鱼取出。

制作榛子黄油

10 将黄油放到用中火加热的锅中融化。撒入两撮盐和少许胡椒粉。一边快速搅拌，一边加热 1~2 分钟至有气泡冒出。

11 加入切片大杏仁、刺山柑和柠檬榨汁。煮成茶色时将火关掉，然后加入切碎的香芹搅拌均匀。

装盘

12 将配菜铺到盘中，将鱼外观较好的一面朝上放置到盘中。一边将步骤 11 中的酱汁搅拌乳化，一边将酱汁浇在虹鳟鱼上面。

香草的有效用法

非常好处理的香草使用方法

 月桂

英文名是 bay leaf。月桂叶可以去除肉和鱼的腥味，制作炖煮料理时可以加入月桂叶一起炖煮。

在月桂叶上划几个刀口，这样月桂叶会更容易散发出香味。

 罗勒

罗勒被称作香草之王，拥有丰富的香气。与意大利面、比萨等加入番茄的料理非常搭。

用刀切的话罗勒可能会变黑，直接用手撕就可以了。

 迷迭香

香味强烈，多用于烤肉和炖煮料理。可以和材料一起炖煮，也可以用来做配菜或装饰。

香味成分主要集中在叶子里，用来制作料理时需要用刀将叶片切碎。

香草束的制作方法

材料 （左起）意大利香芹、鼠尾草、百里香、迷迭香、牛至

在制作汤汁和炖煮料理时为了增加香味会将几种香草绑成一束，制成香草束。很多料理也会使用百里香、月桂、香芹和芹菜制成的香草束。

1 系绳子时要方便从料理中取出且不易散开。

2 放入炖煮料理中，发出香味后将香草束取出。

各种料理适合使用的香草

料理 香草名称	肉	鱼	腌渍菜肴	汤
百里香	●	●	●	●
莳萝		●	●	
月桂	●	●		●
迷迭香	●	●		

使用新鲜或干燥香草时的优缺点

香草可以分为新鲜和干燥两种类型。新鲜的香草香味较好、色彩鲜艳，想要给料理增加色彩或装饰料理时可以使用新鲜香草。但时间一久，新鲜香草会比较容易变黑，所以一定要注意。干燥香草的颜色和味道都不如新鲜香草，香味非常强烈，可以用来腌渍入味。此外，干燥香草还可以延长料理的保存期限，可以在家中常备一些。

锡箔烤三文鱼

两款锡箔烤制料理

用锡箔纸包住料理防止香气飘走

锡箔烤海鲜

| 增加拿手菜 |

用锡箔纸包住食材进行烤制是一
种将香气密封的烹饪方法，打开锡
箔纸时的香气尤为重要。香气较好
的蘑菇类、裙带菜等海藻、柠檬、
梅子等果实都非常适合应用这样
的烹饪方法。

锡箔烤三文鱼

材料（2 人份）

三文鱼…2 块
蟹味菇…1/2 包（50 g）
朴树嫩苗…1/2 包（50 g）
豆芽…30 g
大葱（葱白部分）…25 g
柠檬切片…1 片
酒…1 大勺
酱油…2 小勺
黄油…10 g
粗磨黑胡椒粉…适量
盐…适量
橙汁…适量

菜品搭配建议

· 炖煮鸡内脏
· 浓饼菜汤

所需时间 20 分钟

处理蔬菜

3 切掉蟹味菇和朴树嫩苗的根部，用手将它们分别分成四等份。

4 将大葱斜切成 1 cm 厚的片。将豆芽洗净，沥除水，摘掉须根。

5 将柠檬竖切成两半后再切成 5 mm 厚的半月形。

8 将酒和酱油均匀地浇在三文鱼上，然后撒上两撮粗磨黑胡椒粉。最后将黄油和柠檬放在三文鱼的中心位置。

9 将锡箔纸合在一起，然后将锡箔纸弄平。不要将材料包得太紧，要留出一些空间。将锡箔纸紧紧地折叠起来。

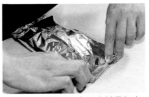

10 锡箔纸左右两边折叠起来，每边折两折。为烤制时能够密闭住空气，要将材料严密地包起来，包的时候不要排出空气。

处理三文鱼

1 如果鱼肉中有鱼刺的话就用刀或去除鱼刺的器具将鱼刺剔除。用手指触摸三文鱼的表面，确认鱼肉中是否有鱼刺。

2 撒一小撮盐在方盘里，鱼皮朝上将三文鱼放到方盘里。再将一小撮盐均匀地撒在鱼肉上，将方盘倾斜放置 10 分钟左右。

将三文鱼包到锡箔纸里

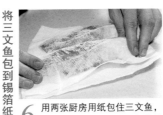

6 用两张厨房用纸包住三文鱼，仔细沥除鱼肉上的水。将烤箱预热到 180℃。

7 取 30~35 cm 长的锡箔纸。以长边为基准，将豆芽、大葱、朴树嫩苗、蟹味菇按顺序铺在锡箔纸的中心，然后放上三文鱼。

烤三文鱼

11 放入 180℃的烤箱中烤 10 分钟左右。用烤鱼架或煎锅来烤，则需要用小火烤 12 分钟左右。锡箔纸鼓起时取出三文鱼。

装盘

12 加热结束后将三文鱼装盘，临吃之前再打开锡箔纸。最好可以按照个人的喜好淋上橙汁。

锡箔烤海鲜

材料（2人份）

鱿鱼…40 g

扇贝的贝柱…2个

蛤蜊…8个

绿紫苏…1片

大葱（绿叶部分）…10 g

洋葱…1/2个（100 g）

生姜…少许

襄荷…1个

混合味噌

蛋黄…1个

白味噌…2小勺

酒…1小勺

菜品搭配建议

· 鱼炖豆腐

· 海带丝梅干汤

所需时间 **20** 分钟

3 将绿紫苏、大葱和生姜切成细末。将襄荷切成细丝，洋葱切成2 mm厚的薄片。

准备容器

4 将厚纸折起来做成容器，用订书器固定住后用锡箔纸将容器包起来。也可以用牛奶盒代替厚纸。

制作混合味噌

5 将白味噌和酒倒入容器中搅拌化开。

处理材料

1 用不锈钢刮铲或餐刀将蛤蜊肉从壳中取出。蛤蜊中的汁液不要扔掉，将其与蛤蜊肉一起放到容器中。

6 将步骤1中的蛤蜊汁液分几次倒入到容器中，继续将味噌化开。

2 将鱿鱼切成1 cm厚，然后再转动90°将鱿鱼肉横向放置，从边缘开始再将鱿鱼切成1 cm厚。将扇贝的贝柱和鱿鱼一样切成1 cm见方的小块。

7 将蛋黄倒入步骤6的容器里并仔细搅拌均匀。

将食材拌匀

8 将蛤蜊、鱿鱼、扇贝、绿紫苏、大葱和生姜放到另一个碗里。将烤箱预热到250℃。

9 将步骤7中的混合味噌加入步骤8的碗中，仔细搅拌让酱汁均匀地分布到食材上。

烤制食材

10 在步骤4的容器中涂上色拉油（分量外），将洋葱铺在容器里。

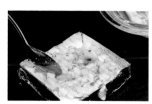

11 将步骤9中的食材铺放到容器里。

12 将容器放入250℃的烤箱中烤8分钟左右。烤完后将食材装盘，最后再放上襄荷即可。

也可以挑战烤肉！锡箔烤肉的制作方法

利用锡箔纸或锡箔杯制作的简单菜肴

味噌烤肉

材料（2人份）

猪肩里脊肉…150 g
圆白菜…100 g
洋葱…1/2 个（100 g）
芦笋…2 个
胡萝卜…35 g
芝麻油…2 小勺
盐、胡椒粉…各适量
味噌酱汁
味噌…1 大勺
韩国辣椒酱…1 小勺
酒、酱油、料酒…各 1 小勺

制作方法

❶ 将制作味噌酱汁的材料放在一起搅拌均匀。将切成一口大小的猪肉放到酱汁里揉搓入味。

❷ 将切成一口大小并撒上少许盐和胡椒粉的蔬菜摊放在烘焙纸上，然后放上步骤 1 中的猪肉。浇上芝麻油，用烘焙纸将食材盖住，然后放入180℃的烤箱中烤15分钟左右。

最后将芝麻油均匀地浇在食材上。

锡箔烤维也纳牛排

材料（2人份）

维也纳香肠…4 根
彩椒（红、黄）…各 30 g
青椒…30 g
玉米（灌装、颗粒）…4 大勺
蛋黄酱…适量

制作方法

❶ 将切成一口大小的维也纳香肠、彩椒和青椒放到锡箔杯中。然后将玉米撒到杯中，再将蛋黄酱挤在上面。

❷ 最后将锡箔杯放到烤鱼用的烤架或烤面包炉中烤至金黄。

将蛋黄酱挤成格子状。

打开时飘出的香气是锡箔烤制料理的"隐藏主角"

在制作锡箔烤制鱼或肉时，如果想要日式的可以浇上日本酒，西式的可以浇上白葡萄酒，中式的可以浇上香味油，最后再放上自己喜欢的食材即可。一般都会使用生姜、绿紫苏、香草等能够散发香味的食材。

制作锡箔烤制料理时只要遵循以下5点应该都会比较美味。①使用烤箱烤制时一定要确实地去除余热。②一定要使用恢复到室温的食材进行烤制。③将比较难熟的食材切薄。④在锡箔纸上涂油。⑤不要将主食材全部盖在里面。如果即使遵循了以上事项还是做不好，可以将较厚的肉或红薯等比较难熟的食材提前做成半熟品。此外，烘焙纸比锡箔纸还要结实，食物不容易粘在上面，取出料理时也比较方便，如果没有烤熟的话还可以放进微波炉中再次加热。

番茄炖鱿鱼

将鱿鱼煮到适当的程度,让鱿鱼拥有柔软的口感

| 增加拿手菜 |

可以将剩下的蒜泥蛋黄酱涂在鲑鱼、鳕鱼等白身鱼或虾和扇贝上进行烤制。此外,还可以加入生姜、芥末、香辛料等让酱汁的味道更加具有刺激性。

番茄炖鱿鱼

材料（2 人份）

番茄炖鱿鱼

鱿鱼…1 只（250 g）

洋葱…1/2 个（100 g）

大蒜…1/2 瓣

水煮番茄（灌装、整个）…300 g

鸡肉清汤（参照 P20）…300 mL

白葡萄酒…75 mL

橄榄油…20 mL

盐、胡椒粉…各适量

即用蒜蓉蛋黄酱

大蒜…1/2 瓣

蛋黄酱…2 大勺

EXV 橄榄油…1 小勺

配菜

秋葵…2 根（15 g）

嫩玉米…2 根（15 g）

菜品搭配建议

· 混合豆类沙拉

· 蔬菜牛肉浓汤

所需时间 **80** 分钟

制作即用蒜蓉蛋黄酱

2 将擦碎的大蒜和 EXV 橄榄油倒入蛋黄酱中。仔细搅拌至所有材料混合均匀。

处理鱿鱼

3 手指伸进鱿鱼的躯干深处将连接内脏和躯干的筋拉出来。

4 一手按住鱿鱼鳍，一手抓住鱿鱼眼的上方将内脏拽出来。鱿鱼内脏比较容易破掉，所以操作的时候要小心。

5 切掉鱿鱼眼睛下方的鱿鱼须。紧贴着眼睛下方切掉鱿鱼须。注意不要弄坏鱿鱼的眼睛。

处理蔬菜

1 将用来制作蒜蓉蛋黄酱的大蒜擦碎。将用来制作番茄炖鱿鱼的大蒜和洋葱切碎。

6 用刀背刮掉鱿鱼的吸盘和鱿鱼须的皮。由于两根长须上的吸盘较大，所以要切掉这两根长须的末端。

7 将手伸进鱿鱼的体内，拽出透明的软骨。软骨一直延伸到鱿鱼鳍的末端，所以一定要慢慢地拽以免将软管弄断。

8 手指伸进鱿鱼鳍和躯干之间，将鱿鱼鳍和皮一起剥下来。剥的时候注意不要剥掉躯干上的肉。

9 将鱿鱼的外皮剥干净。垫着毛巾剥就不会那么滑了。

10 削掉鱿鱼鳍边缘的软骨。削的时候将刀倾斜。

11 剥掉鱿鱼鳍两面的皮。如果比较难剥，可以用毛巾将外皮擦掉。

12 将鱿鱼鳍切成 1 cm 宽。然后转动 90° 横向放置，从边缘开始将鱿鱼鳍切成 5 mm~1 cm 见方的小块。

13 将鱿鱼须横放，从边缘开始将鱿鱼须切成 1 cm 长。

14 将鱿鱼的躯干切成 1 cm 厚的圆圈状。

烤制鱿鱼内脏

15 取出内脏边缘的鱿鱼胃，然后将内脏放到 20 cm 长的锡箔纸上。

16 将锡箔纸的上下两端折叠在一起，将左右两边各折两道。然后将内脏放到烤鱼架中烤 10 分钟左右。

炖煮鱿鱼

17 将 1 大勺橄榄油放入用小火加热的煎锅中。油热后加入大蒜慢慢翻炒。

18 将大蒜炒香后加入洋葱慢慢翻炒，直至将洋葱炒甜。

19 当洋葱变成浅茶色时加入鱿鱼须和鱿鱼鳍，然后将火调成大火继续翻炒。用大火加热以去除鱿鱼中的水分。

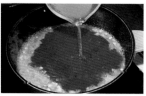

20 加入白葡萄酒、经筛子过滤的水煮番茄和鸡肉清汤。

21 将火调成小火，加热过程中要不时地搅拌，炖煮 40 分钟左右将食材煮至图片中那样的浓度。

22 在鱿鱼圈上撒上一小撮盐和少许胡椒粉。将 1 小勺橄榄油放入用大火加热的另一个煎锅中，油热后加入鱿鱼圈炒 1 分钟。

23 将炖煮好的步骤 21 中的酱汁倒入步骤 22 中的鱿鱼圈中，然后用硅胶铲拌匀。快速搅拌均匀以免将鱿鱼炖过劲。

24 关火，加入 1 大勺步骤 2 中的即用蒜蓉蛋黄酱并仔细搅拌。加入蛋黄酱后不能再加热，继续加热会导致蛋黄酱分离。

制作配菜

25 切掉秋葵萼片和秋葵蒂。用含有 1% 食盐（分量外）的热水将秋葵和嫩玉米煮软。

装盘

26 将步骤 24 中炖好的菜肴装盘，然后放上纵切成两半的秋葵和嫩玉米以及步骤 2 中做的即用蒜蓉蛋黄酱和步骤 16 中烤制好的鱿鱼内脏。

有效利用储存起来的番茄酱

也可以用番茄酱来制作番茄炖鱿鱼

番茄酱

材料（约600 g番茄酱）

水煮番茄（整个）…800 g
洋葱…1/4 个（50 g）
蒜油…2 小勺
粗盐（或普通食盐）、胡椒粉…各适量

番茄酱的保存

将番茄酱充分变凉后放入密闭容器中保存。冷藏时需在 4~5 日内食用完毕。冷冻时可以保存 1~2 个月，可以分成几份保存起来。

将蒜油放到用小火加热的煎锅中。油热后加入切碎的洋葱翻炒。

用筛子将水煮番茄过滤。除去番茄籽，将硬块碾成光滑的液体。

如果制作的量较多，用蔬菜滤（蔬菜过滤器）来过滤会比较方便。

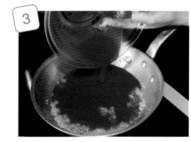

当洋葱炒变色后加入步骤1中的番茄汁。为了防止步骤1中的番茄汁溅出锅外，要用小火来加热。

将火调大，加入 1/2 小勺粗盐和少许胡椒粉。煮沸后改成小火加热，一直煮到总量减少到原来的 2/3。

尝试做出不一样的番茄酱

　　番茄的水煮罐头作为常备食材使用起来非常方便。它不仅价格便宜，只要不开封还可以保存很长时间，是一种非常好用的食材。其中最简单的做法就是将番茄罐头做成番茄酱。利用这种方法P150的番茄炖鱿鱼就可以轻松做成。在番茄酱中加入鸡肉清汤，再放入鱿鱼炖煮，最后倒入蒜蓉蛋黄酱就完成了。制作起来非常简单，大家不妨尝试一下。

　　如果想做出和平时不一样的味道也可以试着用不同的方法给番茄酱调味。比如可以加入肉馅将番茄酱制成更浓郁的肉酱，加入辣椒和大蒜制成意式辣番茄酱，加入酱油或擦碎的生姜制成日式风味的番茄酱，加入切碎的香草制成意式风味，加入奶酪制成风味温和的番茄酱等，只要准备好基础酱汁就可以简单地进行改造。

咖喱梭子蟹

用高温加热以引出梭子蟹的美味

| 增加拿手菜 |

剩下的椰汁比较容易腐坏所以要尽早用完，或者放到保存袋里冷冻保存。如果不常用也可以使用保存期限较长的椰子粉来替代。

咖喱梭子蟹

材料（2 人份）

梭子蟹…1 只（300 g）
洋葱…1/2 个（100 g）
芹菜…1/2 根（50 g）
万能葱…3 棵
鸡蛋…2 个
咖喱粉…1 大勺
色拉油…1½ 大勺
香菜…1 根
辣椒丝…少许
混合调味料
椰汁…80 g
绿咖喱酱…1 小勺
鱼露 1/2 大勺
淡酱油…1/2 大勺
砂糖…1 小勺
鸡肉清汤（参照 P20）…50 mL

菜品搭配建议

· 冬粉沙拉
（泰式粉丝沙拉）
· 碎肉汤

所需时间 **35** 分钟

2　一边打开蟹脐（螃蟹的腹部），一边将手伸进去打开蟹壳。

3　摘除蟹腿根上软软的部分（蟹鳃）。蟹鳃不能食用，所以要摘除干净。

4　蟹鳃原来所在的部分可能会有沙子残留，所以要一边用刷子刷，一边用流水冲洗。

5　从蟹身中间将螃蟹切成两半。

处理螃蟹

1　如果是冷冻的梭子蟹需要将蟹泡到水中解冻。一边用刷子刷，一边用流水冲掉蟹壳上的黏液。注意将蟹腿根的地方也清洗干净。

6　用刀切掉蟹身上的蟹腿，切的时候要用另一只手按压刀背。去掉蟹胃。

7　将蟹身和蟹腿都切成一口大小，用刀背将蟹壳敲裂。切成小块会更容易引出螃蟹的鲜味。

8　用手指将位于蟹脐边上的排泄物按压出来。

9　将蟹脐切成和蟹身一样的小块。如果用刀不好切的话可以用厨房专用剪刀将蟹脐剪成小块。

10　将切成小块的螃蟹放入筛子中，放置一会儿以沥除水。将筛子叠放在容器里可以将螃蟹里面的水也沥除干净。

切蔬菜

11　沿着洋葱的纤维将洋葱切成 1~2 mm 厚的薄片。

12 去掉芹菜的筋后将芹菜斜切成 1~2 mm 厚的薄片。芹菜的筋比较硬，同时还带有青草味，所以一定要去除。

13 将万能葱切成 3 cm 长。

制作混合调味料

14 将椰汁和绿咖喱酱放在一起搅拌均匀。将绿咖喱酱搅化掉。

15 将鱼露、淡酱油、砂糖和鸡肉清汤按顺序倒入步骤 14 的汁液中，然后继续搅拌均匀。

翻炒材料

16 将色拉油放入用大火加热的煎锅中。当有轻烟冒出时放入步骤 10 中的螃蟹炒香。炒到蟹壳完全变红。

17 当蟹壳变红后将火调成中火，加入洋葱和芹菜。一边大幅晃动煎锅，一边翻炒。

18 炒的时候将蔬菜摊开让蔬菜中的水分能够蒸发，然后放入咖喱粉。

19 炒的时候要注意将咖喱粉拌匀，炒出香味后倒入步骤 15 中的混合调味料。然后用大火加热将汤汁煮沸。

20 将螃蟹的肉炒熟。熟了的蟹肉会变成白色且比较紧致。

21 将搅匀的蛋液画圈倒入锅中。蛋液变成半熟后大幅度地搅 2~3 圈。

22 加入万能葱并快速搅拌一下。然后将螃蟹装盘并放上辣椒丝和香草作为装饰。也可以按照个人的喜好放上意大利香芹。

POINT!

更好地引出螃蟹的鲜味

螃蟹的鲜味不仅集中在蟹肉上，蟹壳上也汇聚了很多鲜味。仔细地将蟹壳敲裂，鲜味就会从裂缝进入到所有食材里。此外，食用的时候蟹壳也会更容易与蟹肉分离。

用刀背将蟹壳敲裂。

将螃蟹放入锅中后立即改用高温烹饪

如果不用高温快速烹饪，螃蟹就不会变成正红色，同时还会有腥味残留。但是如果螃蟹中还有水残留，高温烹饪时油就会溅出来，所以一定要仔细沥干水后再将螃蟹放入锅中。

将螃蟹放入用高温加热且有轻烟冒出的煎锅中翻炒。

使用东南亚调味料时选择可以一次性用完的包装

选择小包装的调味料就不会剩下了！

鱼露

泰国的发酵调味料。用盐将鱼腌渍成鱼酱，鱼酱上面澄清的部分就是鱼露。一般用于调味。

辣番茄酱

在番茄酱中加入辣椒或香辛料。此外，还有浓稠、味甜的甜辣番茄酱。

椰汁

从椰子种子中提取的甜味乳状液体。一般市面上出售的都是罐装椰汁。椰汁粉用起来也比较方便。

咖喱酱 & 印尼海味酱

从上到下依次为红咖喱、绿咖喱、印尼海味咖喱。经常用于东南亚料理的调味。

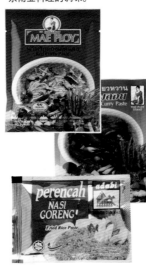

想制作泰国酸辣汤时…

去专门经营亚洲料理的店铺就可以轻松地买到混有各种材料的商品

香草套装

香茅茎、马蜂橙叶、南姜等香草套装。

泰国酸辣汤酱料

将酱料放到水中融化煮沸，然后加入食材即可做出正宗的泰国酸辣汤。

东南亚调味料的使用方法 & 保存方法

购买制作东南亚料理的材料后有没有剩下很多？所以还是要尽量购买仅供一餐的小包装，但是如果无论如何也用不完的话可以将这些材料加到普通料理中。

关键就是要用这些材料来取代平常使用的调味料。比如鱼露可以取代盐和酱油，辣番茄酱可以代替番茄酱和伍斯特辣酱，椰汁可以代替牛奶和生奶油。使用方法虽然与常用的调味料一样，但即使是与平常一样的食材也可以品尝到完全不同的新味道。

如果这样也用不完的话就可以将这些调味料保存起来。比如可以将椰汁倒进制冰模具中冻好后再将椰汁冰块放进保存袋中保存。这样每次取出必要的量即可，使用起来非常方便。同样地，也可以将剩下的酱料分成小份后用保鲜膜包好再冷冻起来，以后可以用来给炒菜等烹饪方法调味。

豆豉炒蛤蜊

充分加热引出豆豉的香气

| 增加拿手菜 |

豆豉是在黑豆中加盐发酵制成的
中式调味料。具有较重的咸香，经
常用于给回锅肉、麻婆豆腐等中式
炒菜、蒸猪肉或蒸鸡肉等料理增加
香味。

豆豉炒蛤蜊

材料（2 人份）

蛤蜊…400 g
豆豉…2 小勺
竹笋（水煮）…60 g
香菇…25 g
四季豆…25 g
大葱（葱白部分）…20 g
生姜…3 g
辣椒…1/2 个
水溶的猪牙花淀粉…将猪牙花淀
粉和水各 1 小勺搅拌均匀
芝麻油…1 小勺
色拉油…1 大勺
混合调味料
砂糖…1 小勺
鸡架汤…2 大勺
酒…2 大勺
酱油…1 大勺

菜品搭配建议

· 芙蓉蟹
· 鸡肉生菜汤

所需时间 **30** 分钟
※ 不包括将蛤蜊去沙的时间

处理材料

2　阴凉处存放蛤蜊 2 小时，等蛤蜊吐沙完后沥除蛤蜊上的水，再撒上足量的盐（分量外）。揉搓蛤蜊壳以除去污垢。

3　用流水洗掉蛤蜊上的盐，然后将蛤蜊放到毛巾上并仔细擦干水。

4　将豆豉放到装水的容器中轻轻清洗一下。

5　取出豆豉并将豆豉放到毛巾上以沥除水，然后将豆豉大致切碎。

处理蛤蜊

1　将蛤蜊泡到和海水的浓度差不多的盐水（水 100 mL；盐 3 g）中去沙。盐水的量要稍没过蛤蜊。

6　将竹笋切成 8 mm 厚的薄片。然后将薄片叠在一起再将竹笋切成 8 mm 厚的条状。

7　将竹笋转动 90° 横向放置，从边缘开始将竹笋切成 8 mm 见方的小块。

8　去掉香菇的根部并将香菇切成 8 mm 厚的薄片。转动 90° 将香菇横向放置，从边缘开始将香菇切成 8 mm 见方的小块。

9　去掉四季豆的豆角弦，将四季豆切成 8 mm 长的小块。

10　将葱心切成 8 mm 长，大葱外侧切成 1 cm 长，然后转动 90° 横向放置，将其切成 1 cm 见方的小块。

制作混合调味料

11　将砂糖、鸡架汤、酒和酱油按顺序加入容器中并搅拌均匀。

12 将色拉油放入用中火加热的煎锅中，油热后加入大葱和切碎的生姜翻炒。

13 炒香后加入豆豉和除去辣椒籽并切成圆环状的辣椒翻炒。

14 加入香菇和竹笋翻炒。

15 加入四季豆翻炒。由于四季豆的绿色很容易变色，所以四季豆要后放。

16 当将所有材料炒软时加入蛤蜊，炒的叫候要大幅地翻动材料。

17 当将材料拌匀后加入步骤11 中的混合调味料，然后继续大幅度地搅拌。

18 用小火加热并盖上锅盖，一直蒸煮到蛤蜊张口。蛤蜊张口时可以听到声音。

19 当所有的蛤蜊都张口后拿下锅盖。

20 轻轻搅拌食材，让调味料均匀地分布到蔬菜上。

21 将加水化开的猪牙花淀粉一点点地倒入锅中搅拌、勾芡。

22 沿着锅边倒入芝麻油让芝麻油融入食材中，最后装盘即可。

POINT!

给蛤蜊去沙时不要用清水而要用盐水浸泡

蛤蜊和文蛤都是生活在海中的生物，如果泡在清水中可能不会吐沙。所以一定要浸泡在盐水中。生活在河流中的蚬子可以用清水浸泡。去沙的时间如果太长的话也不太好。

水要稍微没过蛤蜊，将容器移到阴冷的地方放置一段时间。

为了让蛤蜊完全张口该怎么做？

晃动蛤蜊可以帮助蛤蜊张口。蒸煮过程中不时大幅地前后晃动煎锅。尤其是使用了比较容易烧焦的酱油时还可以防止将锅底的食材烧焦，所以要晃动包括蛤蜊在内的所有食材。

在盖着锅盖的状态下晃动煎锅，这样既可以防止将锅底的食材烧焦，也可以促使蛤蜊张口。

中华料理特有的调味料——酱

酱（ジャン）= 发酵调味料的详细解说

常见酱

豆瓣酱

在蒸好的蚕豆中加入辣椒发酵而成的调味料。中国还有不加辣椒的豆瓣酱。

甜面酱

在面粉中加入酱曲发酵而成的调味料。甜味较强。甜面酱作为北京烤鸭的酱汁而闻名。

豆豉酱

由黑豆发酵成的豆豉加工成酱状而成。加入炒菜中会散发出豆豉独特的香味。

XO 酱

在经过炒制的干贝柱和火腿中加入绍兴酒和辣油调制而成。XO 是 eXtra Old 的缩写，也就是最高级的意思。

芝麻酱

由炒熟的白芝麻加油研磨成糊状而成。与日式芝麻酱比较相似，可以用日式芝麻酱代替。

其他种类的酱

海鲜酱

在广东地区的黄豆酱中加入芝麻、大蒜、香辛料混合而成味道比较浓郁的甜大酱。一般用来给炒菜调味。

辣椒酱

由腌渍的红辣椒制成的酱。辣味较强，富含大蒜和芝麻油的香味。

虾酱

虾味噌。将小虾米磨碎加盐腌渍而成，富含虾的香味。适合用来炒菜。

沙茶酱

中式烤肉酱。辣椒的辣味较为明显，主要用于搭配烤肉串食用。

酱中的材料和各种用法

　　酱是由加入曲和盐的大豆、辣椒等食材发酵而成的源于中国的发酵调味料。其中包含有香辛料、大蒜、芝麻、酱油、大酱等多种调味料和食材，味道比较复杂，用它来烹制料理可以轻松再现中国料理的味道。不同种类的酱味道也不尽相同，大家不妨多尝试一些。

　　酱的使用方法与味噌一样。除了可以给中式炖菜、炒菜调味外，还可以放到煮汁中制成汤汁，凉拌时加酱制成的混合调味料可以搭配各种食材，同时也可以加到酱汁中调味或作为饺子的蘸汁等。

奶油扇贝白菜

将白菜煮至黏稠、柔软

| 增加拿手菜 |

可以将剩下的奶油扇贝白菜浇在意大利面或法式黄油烤鱼上食用，也可以做成奶酪烤菜、多利安饭或猪油火腿蛋糕。无糖炼乳比牛奶更加柔和、浓郁，可以代替牛奶用于多种料理。

奶油扇贝白菜

材料（2 人份）

扇贝的贝柱…4 个（干贝柱或罐装的也可以）
白菜…250 g
烤火腿…2 片
竹笋（水煮）…50 g
生姜…3 g
鸡架汤…400 mL
酒…1 大勺
无糖炼乳…70 mL（也可以使用 70 mL 生奶油或 210 mL 牛奶 ※ 使用牛奶时需将牛奶煮至 70 mL）
水溶的猪牙花淀粉…将猪牙花淀粉和水各 2 小勺搅拌均匀
色拉油…2 小勺
猪牙花淀粉、盐、胡椒粉…各适量

菜品搭配建议

· 中式叉烧豆芽拌菜
· 芥菜蛋清汤

所需时间 30 分钟

处理扇贝

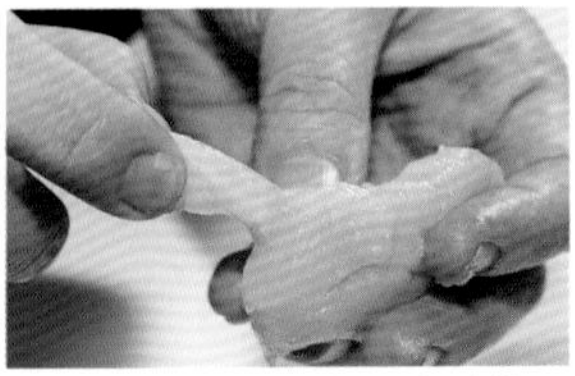

1 将扇贝贝柱上的白色部分拽下来。这个部分煮熟后会变硬，吃起来比较困难。

2 去掉的白色部分不要扔，可以用来做其他料理。熬煮后汤汁比较鲜美，所以适合用来做汤。

3 将扇贝片成薄厚一样的三片。

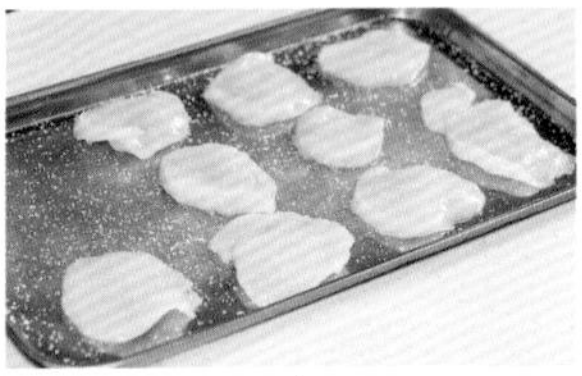

4 撒一小撮盐在方盘上，然后放上扇贝。再将一小撮盐均匀地撒在扇贝上，稍微放置一段时间。

处理材料

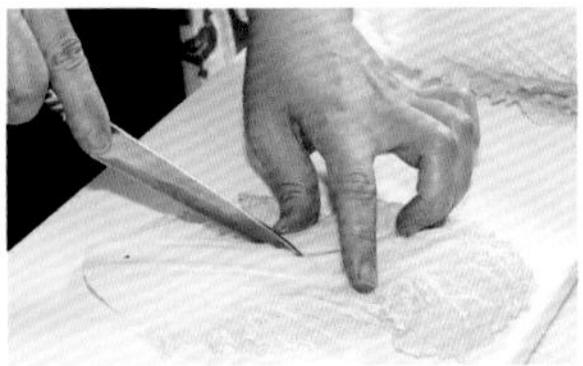

5 切掉白色的白菜帮，将菜叶和菜帮分开。

6 将菜叶切成 3 cm 长。

7 在菜帮中间纵切一刀。

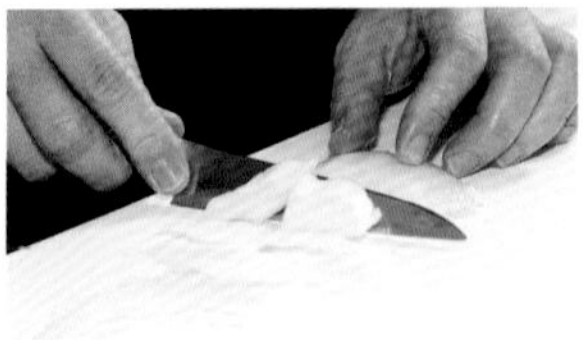

8 转动 90° 横向放置，将白菜帮片成 3 cm 见方的小块。

9 呈放射状地将烤火腿切成八等份。

10 参照火腿的大小将竹笋也呈放射状地切成六等份，然后再切成 2~3 mm 厚的薄片。

11 去掉生姜皮，将生姜切成边长 1 cm、厚 1 mm 的薄片。

处理扇贝

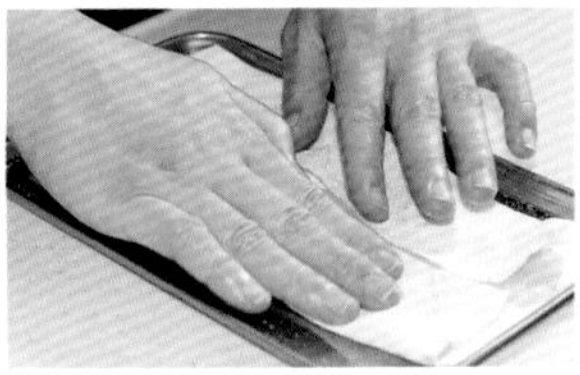

12 将扇贝放到厨房用纸上包起来，然后轻轻按压，仔细地将水擦干。

13 将猪牙花淀粉涂抹在扇贝上，揉搓淀粉让淀粉附着在扇贝上。敲掉上面多余的淀粉。

翻炒材料

14 将2小勺色拉油和生姜放到用大火加热的煎锅中。

15 等到生姜发出香味后加入火腿和竹笋翻炒。因为要用奶油煮菜，所以注意不要将材料炒变色。

16 放入白菜帮并均匀地摊开，再将酒倒入锅中。

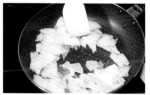

17 炒的时候大幅度地搅拌食材让酒精挥发掉。

炖煮材料

18 当白菜帮变软后加入白菜叶轻轻翻炒，然后倒入鸡架汤并用大火加热。

19 煮沸后将火调小并加入两撮盐和少许胡椒粉，炖煮10分钟左右将所有材料煮软。

20 加入无糖炼乳。也可以用提前熬煮好的牛奶或生奶油来代替。

21 将扇贝一片片地放到材料上，然后用硅胶铲按压，让扇贝浸没在汤汁里。

22 将加水化开的猪牙花淀粉一点点地倒入锅中，让汤汁更加浓稠。

23 炖煮到用硅胶铲刮开奶油可以看到锅底即可。关火，确认好味道后即可装盘。

POINT!

该何时加入无糖炼乳？

以白菜帮为基准来判断蔬菜是否煮熟。当又白又硬的白菜帮的中心带有透明感时说明蔬菜已经煮软。所以可以通过观察白菜帮的颜色来判断何时加入无糖炼乳。

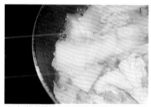

当白菜帮最厚的部分变熟时菜帮的边缘部分会变得透明。

可以使用新鲜的扇贝、干贝或罐装的扇贝

不使用新鲜的扇贝，使用罐装的扇贝或干贝时操作顺序会有一点变化。使用干贝时需要先将干贝放到鸡架汤中泡软。加入鸡架汤时连带干贝一起倒入锅中，这样就可以将扇贝中流出的汁液一起倒入汤汁中。使用罐装扇贝时鸡架汤的用量要减少到300 mL，剩下的可以用罐头中的汁液补足。加入鸡架汤时要将罐头汁也一起倒入锅中，然后按照书中的步骤处理扇贝，加入扇贝的时间也与使用新鲜扇贝时一样。

干货是一种可以用来熬煮汤汁的便利食材

将干货泡软，最好用来浸泡的水也能够直接使用

即小虾晒成的干制品。使用时需要放到温水中浸泡 30 分钟。炖煮菜肴时可以直接将干虾放入锅中。

虾干

普尔契尼香菇干

即普尔契尼香菇晒成的干制品。与新鲜的香菇相比香味更加浓厚，使用前需要浸泡 30 分钟。

适合的料理
中式炖菜、汤、蒸制菜肴、中式茶碗蒸等。

适合的料理
西式焖菜、意面酱汁、意大利烩饭等。

即香菇晒干而成的干制品。有冬菇、香信菇等。使用前一晚需要浸泡半日。

香菇干

番茄干

即将番茄放到烤箱中低温烤制而成的干制品。使用前需要放到水中浸泡 15 分钟。

适合的料理
五目豆、炖菜、炖鹿尾菜、火锅、汤等。

适合的料理
意大利面、比萨酱、番茄炖菜、意大利烩饭等。

在贩卖中国食材的商店里可以买到。使用前需要放到水中浸泡一晚或用温水浸泡 30 分钟。

干贝

适合的料理
中式炒菜、蒸海鲜、芙蓉蟹等。

将干货泡软

用来浸泡的水中也会浸入材料的鲜味，所以在浸泡前需要用刷子将干货清洗干净。同时要掌握好水量以避免浪费。

使用干净的容器和水来浸泡。

料理中必不可少的汤汁"美味"的理由

用海带和鲣鱼干熬煮出来的汤汁为什么这么美味呢？这是因为海带中含有谷氨酰胺，鲣鱼干中含有肌苷酸这样的美味成分。此外，用于熬汤的食材中一般都含有各种美味成分，比如香菇干中含有谷氨酰胺、扇贝等贝壳类中含有琥珀酸等。

只有一种美味成分就足以让汤汁变得美味，但如果美味成分两种以上时就会产生协同效果，可以让各自的味道更加浓厚。由海带和鲣鱼干组合制成的头道汤汁之所以会频繁地出现在日本料理中也正是因为这个原因。

如果没有时间也可以使用市售的含有美味成分的调味料，这样就可以节省很多时间。调味料中含有谷氨酰胺、肌苷酸这样的美味成分，可以很轻松地做出美味的汤汁。

第 4 章

蔬菜料理

做菜基础④

制作蔬菜料理前需要了解的事项

在保存比较怕干的蔬菜时需要保留一定的水

能够让蔬菜长时间保持爽脆感的保存方法

一般来说应该将蔬菜放入冰箱中的蔬菜室保存。蔬菜室的温度一般在5~7℃，比冷藏室的温度要稍高一些，这样的温度非常适合蔬菜的保存。

保存叶类蔬菜、豆芽、圆白菜时应该保有适度的水分，这样蔬菜才能够长时间地维持住新鲜度和口感。在放入冰箱前应该先将豆芽放入冰水中浸泡，沥干水后再放入密闭容器中。保存青菜类的蔬菜时为了防止青菜变干应该用沾湿的纸巾包起来后再冷藏。

此外，在保存土豆、萝卜、芜菁、胡萝卜等根菜类时则不能有水。保存萝卜或芜菁时要先切掉叶子再装到塑料袋里，保存生姜或莲藕时最好用干爽的纸巾包起来后再冷藏。

有些蔬菜也可以冷冻保存。比如将芦笋或西蓝花煮硬后就可以冷冻保存。用番茄做酱汁或煮汤时也可以先将番茄去蒂，然后用保鲜膜包起来后再冷冻保存。

营养数据

番茄、胡萝卜、菠菜等颜色较深的绿黄色蔬菜富含胡萝卜素。胡萝卜素可以增强黏膜，提高抵抗力和预防感冒。大多数蔬菜中都含有维生素 C，具有预防皮肤粗糙和帮助缓解疲劳的效果。此外，低卡路里属性也是蔬菜的魅力之一。尤其是蘑菇类蔬菜中卡路里含量非常低。

保存方法

将黄瓜和胡萝卜立起来冷藏

可以将能够竖放的蔬菜立在冰箱门的收纳盒等处进行保存，这样可以延迟蔬菜的腐坏时间。

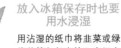

放入冰箱保存时也要用水浸湿

用沾湿的纸巾将韭菜或绿紫苏等包起来放入密闭容器中，然后再放入冰箱保存。

将可以常温保存的蔬菜放在室内

将洋葱、薯类、牛蒡放到阴冷的地方保存。将这些蔬菜和苹果放在一起可以预防蔬菜发芽。

可以用报纸包住圆白菜

保存时可以保留圆白菜外层最硬的叶片，也可以用沾湿的纸巾或报纸将圆白菜包起来。

法式炖菜

利用蔬菜自身丰富的水分来蒸煮

| 增加拿手菜 |

可以做多一些，用咖喱粉、味噌、
香醋等将炖菜调成不一样的味道。
制作时加入南瓜、西蓝花、碎肉不
仅可以增加菜量还能让菜的色彩
更加丰富。

法式炖菜

材料（2 人份）

茄子…小 1 根（70 g）
西葫芦…1/2 个（75 g）
洋葱…1/2 个（100 g）
柿子椒…1 个（40 g）
红色彩椒…100 g
番茄…1 小个
大蒜…1/2 瓣
番茄酱…1 大勺
百里香…2 枝
水…2 大勺
橄榄油…2 大勺
盐、胡椒粉…各适量
新鲜百里香…适量

菜品搭配建议

· 煎鸡肉
· 清炖蘑菇肉汤

所需时间 30 分钟

3　将西葫芦和茄子一样切成 1.5 cm 见方的小块，让它们的大小一致。

4　沿着洋葱的纤维将洋葱切成 1.5 cm 厚。再让刀与菜板呈水平方向切入，再将洋葱片成 1.5 cm 厚，注意不要将洋葱切散开。

5　转动 90° 横向放置将洋葱切成 1.5 cm 见方的小块。

8　将红色彩椒纵切成两半，去掉辣椒蒂、辣椒籽和里面的瓤。然后将彩椒和柿子椒一样切成 1.5 cm 见方的小块。

9　用刀尖将番茄蒂挖掉。将番茄放入煮沸的水中不断转动，煮 5 秒左右，然后将番茄放到冷水中冷却并剥掉番茄皮（水烫剥皮）。

10　剥完皮后将番茄切成 1.5 cm 见方的小块。

处理蔬菜

1　去掉茄子蒂，将茄子纵切成 1.5 cm 厚的片，再切成 1.5 cm 宽的条状。然后转动 90° 横向放置再将茄子切成 1.5 cm 见方的小块。

2　将茄子放入水中浸泡以去除涩味。浸泡 10 分钟左右，其间要不时地上下翻动。

6　将柿子椒纵切成两半，去掉辣椒蒂、辣椒籽和里面的瓤。

7　将柿子椒纵切成 1.5 cm 厚，转动 90° 横向放置也切成 1.5 cm 见方的小块。

11　将大蒜放在菜板上压碎。切碎的大蒜比较容易烧焦，使用整瓣拍碎的蒜会比较容易拿出来，也不容易烧焦。

煎炒蔬菜

12　将大蒜和 1 小勺橄榄油放入用小火加热的煎锅中加热 1~2 分钟。将煎锅倾斜，让大蒜进入到橄榄油中。

13 待大蒜发出香味后加入洋葱。单面煎好之前不要翻动洋葱，煎熟后从外向内大幅晃动煎锅，继续煎洋葱。

14 当将洋葱煎至稍微上色后将大蒜移到另一个煎锅中。

15 将少许橄榄油放入用大火加热的煎锅中。油热后放入西葫芦，翻炒让西葫芦上粘满油。加入少许盐和胡椒粉调味。

16 放入炒好的西葫芦。继续用少许橄榄油翻炒茄子，加入少许盐和胡椒粉调味后倒入茄子。

17 继续放少许橄榄油到煎锅里加热，然后放入柿子椒和红色彩椒翻炒，再加入少许盐和胡椒粉调味。

18 将翻炒后的柿子椒和红色彩椒和其他蔬菜一样倒进步骤 14 的煎锅中。

19 用中火加热装有全部蔬菜的煎锅，然后放入番茄和番茄酱炒匀。慢慢翻炒，引出蔬菜的鲜味和甜味。

20 边大幅度地晃动煎锅一边搅拌，让番茄酱均匀地分布到蔬菜上。

21 将百里香放入锅中，继续用硅胶铲大幅搅拌直至将蔬菜炒软。

炖煮蔬菜

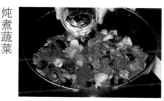

22 加入 2 大勺水。补充少量的水，同时利用蔬菜中的水分来蒸煮。

23 盖上锅盖，炖煮过程中要不时地搅拌防止蔬菜变煳，用小火炖煮 10 分钟左右将蔬菜煮软。

24 拿下锅盖，让水蒸发。一边用硅胶铲翻动食材一边大幅搅拌。煮熟的蔬菜比较软，容易碎掉，所以一定要注意。

25 将锅中的水煮干，尝尝味道并加入少许盐和胡椒粉调味。取出锅中的百里香。

装盘

26 将炖菜装到切模（直径为 10 cm）中用勺子将炖菜表面弄平。仔细将汤汁煮干，装盘时尽量不要有汤汁渗出。

27 擦掉从切模中渗出的汤汁，然后放上新鲜百里香来做装饰。临吃之前再拿掉切模。

法式炖菜的再改编

做一些常备菜，烹饪变得省时省力

法式炖菜

（制作方法参照 P172）

汤

材料与制作方法（2人份）

❶将鸡肉清汤（300 mL）倒入锅中用大火煮沸，然后加入150 g的法式炖菜。

❷加入煮熟的红米（2小勺）和麦片（2小勺），接着放入少许盐和胡椒粉调味。最后撒入意大利香芹。

煎蛋卷

材料与制作方法（2人份）

❶将法式炖菜（40 g）和少许盐、胡椒粉放到搅匀的蛋液（2个）中。

❷将黄油（1小勺）放入用大火加热的煎锅中，油热后加入1中的材料制成蛋卷。装盘并淋上番茄酱（任意量），最后放上细香葱。

炸酱面

材料与制作方法（2人份）

❶将色拉油（少许）倒入用大火加热的煎锅中，油热后放入猪肉馅（50 g）翻炒。

❷加入味噌（1大勺）、酒（1小勺）和料酒（1小勺），稍微熬煮后加入法式炖菜（100 g）。然后将其浇在煮好的面上，最后放上切成细丝的大葱（葱白部分）。

改编剩菜，第二天可以继续食用

将前一天做多了剩下的菜留到第二天以后食用时，可以通过增加调味料将菜肴的味道改成另一种风格，也可以将炖菜或炒菜做成油炸食品等，通过各种形式的变换来巧妙地利用剩菜。

像土豆炖肉这种味道非常浓厚的炖菜是非常容易改编的。比如可以取出不带汤汁的食材，裹上面衣制成炸丸子，如果味道比较淡的话可以加入油炒面做成咖喱或西式炖菜，也可以加入汤汁做成汤品。

如果是炒菜的话可以加入咖喱粉或东南亚调味料等将炒菜的味道换成另一种风味，也可以将炒菜放在新鲜蔬菜上制成分量充足的沙拉，还可以和饭放在一起制成菜肉烩饭。如果是已经变冷且软囊囊的油炸食品的话则可以加入奶酪，然后放入烤箱中烤制，也可以将炸肉丸捣碎做成奶酪烤菜，再利用时可以将剩菜改编成另一种不同的形式。

蔬菜料理 02

八宝菜

为了能够拥有弹性的口感要做好准备工作

| 增加拿手菜 |

可以将剩菜放入清炖肉汤中炖煮，
加入香醋调味就可以制成西式风
味，加入鱼露调味就可以变身为越
南风味的菜肴！将剩菜切碎并加
入猪牙花淀粉勾芡就可以当作春
卷的馅料。

八宝菜

材料（2 人份）

薄片猪五花肉…50 g

虾…4 只

鱿鱼…40 g

A ┌ 蛋清…3 小勺
　├ 猪牙花淀粉…3 小勺
　├ 色拉油…1½ 小勺
　└ 盐…适量

白菜…250 g

竹笋（水煮）…50 g

胡萝卜…40 g

嫩豌豆…8 个

干香菇…2 个

木耳…2 片

鹌鹑蛋（水煮）…4 个

大蒜…1/2 瓣

生姜…1/2 片

鸡架汤…20 mL

加水化开的猪牙花淀粉…将猪牙花淀粉和水各 2 小勺搅拌均匀

芝麻油…1/2 小勺

色拉油…2 大勺

混合调味料

酒（或陈酒）…1 大勺

蚝油…1 大勺

酱油…2 小勺

砂糖…1 小勺

盐、胡椒粉…各少许

菜品搭配建议

· 四川风味茄子色拉
· 香菇木耳汤

所需时间 **30** 分钟

※ 不包含将香菇和木耳泡开的时间

处理蔬菜

1　将干香菇放入水中浸泡半日。为了防止香菇露出水面，可用保鲜膜将容器封住。将木耳放入水中浸泡 15 分钟左右。

2　将白菜的菜帮和菜叶切开，将菜叶切成 4 cm 见方的大块。

3　在白菜帮的中间纵切出一条刀口，然后将其片成 3 cm 见方的大块。用研磨棒轻轻敲打整个菜帮，这样会比较容易入味。

4　将竹笋切成一口大小的薄片。

5　将胡萝卜切成长 3~4 cm、厚 2 mm 的短条。

6　择掉嫩豌豆的抽枝并顺势择掉侧面的豆角弦。

7　切掉香菇的菌柄并将香菇切成薄片。切成薄片的香菇会更容易入味。

8　去掉木耳的根部，将木耳切成 3 cm 见方的块。

9　将大蒜和生姜切成碎末。

处理猪肉、虾、鱿鱼

10　擦掉鱿鱼表面的水，然后在鱿鱼表面划上网状的刀口并将鱿鱼切成 3 cm 厚。切上刀口不仅可以防止鱿鱼收缩，还可以让鱿鱼更容易入味。

11 将薄片五花肉切成3cm见方的块。切之前先将猪肉放到冰箱里冷藏，这样油脂才不会太滑，切起来会比较容易。

12 取出虾的背肠，剥掉虾壳后擦干水。

13 猪肉、虾和鱿鱼分置到三个容器，每个容器中加入A中的1小勺蛋清、1小勺猪牙花淀粉、1/2小勺色拉油和少许盐。

14 通过这些处理可以消除食材的腥味，让食材的口感富有弹性。

15 将猪肉、虾和鱿鱼用热水烫一下，当虾变红后用笊篱将虾捞出并沥除水。

制作混合调味料

16 将制作混合调味料的材料倒在容器中并用勺子拌匀。

翻炒材料

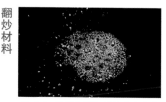

17 色拉油倒入用中小火加热的煎锅中。当油微热后加入大蒜和生姜。如果火太小的话大蒜和生姜难炒香。

18 加热出香味后改为大火加热，加入白菜帮、竹笋、胡萝卜和香菇，然后一边颠锅一边将食材炒香。

19 将食材炒软后加入白菜叶、嫩豌豆和木耳继续翻炒。

20 当想所有食材都炒好后加入猪肉、虾、鱿鱼和鹌鹑蛋翻炒。

21 沿着锅边倒入步骤16中的混合调味料。这样倒可以让调味料被高温加热，从而散发出更多的香气。

22 加入鸡架汤并大幅度搅拌，然后一点点地倒入加水化开的猪牙花淀粉进行勾芡。先将汤汁煮沸后再加入淀粉。

23 沿着锅边将芝麻油一点点地倒入锅中，让芝麻油的香味进入到材料中，然后再大幅度地晃动炒锅，晃动2~3下后再装盘。

ARRANGE!

不仅可以当作主菜还可以做成盖浇饭

当想做出一些改变时可以将菜倒在米饭上，做成中式盖浇饭。它是一款既有蔬菜又有海鲜的营养满分、分量十足的料理。

在炒菜前就开始煮饭，最后将八宝菜倒到热乎乎的米饭上即可。

对各种蔬菜切法的说明

下面让我们认真学习一下蔬菜的基本切法

切圆片

在切黄瓜、萝卜等切口呈圆形的蔬菜要隔一定的间隔将蔬菜切成圆片。切的时候刀与菜板垂直。

为了防止转动，切的时候要按住蔬菜。

切丝

切的时候需要将较厚的蔬菜切薄后叠放在一起，将数片较薄的蔬菜叠放在一起。然后沿着纤维从边缘开始切成细丝。如果还想切得更细就需要利用一种叫作切银针丝的方法。

尽量切得细一些。

斜切

将大葱、黄瓜等切面呈圆筒状的蔬菜斜着切开。用刀由远及近地切时会切得比较好看。

不是正着切而是斜着切开。

滚刀切

在切胡萝卜等圆筒状的蔬菜时第一刀要斜着切。然后转动蔬菜将前一个切口转到上面后再继续切。

如果蔬菜较粗的话需要先将蔬菜切开后再开始切。

切成半月形

在切番茄、芜菁等圆形蔬菜时要先将蔬菜切成两半，然后切口朝下放置。再从蔬菜的中央斜着将刀切入。

将蔬菜切成大小一致的半月形。

切末

将切成细丝的蔬菜转动90°，从边缘开始切成细末。比细末稍微大一些的切法叫作切粗末。

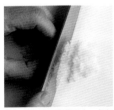

将切成细丝的蔬菜聚在一起切成细末。

横切

切大葱或万能葱时将其切成切口平行的圆片。多棵蔬菜一起切的时候注意要将蔬菜拢在一起，从边缘开始切细。

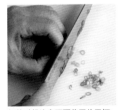

切的时候注意不要将圆片弄坏。

削薄片

切牛蒡时先在牛蒡根部附近的表皮上划几刀。然后再将其横放下来像削铅笔那样将牛蒡削成薄片，一边转动一边削。

将削下来的牛蒡浸泡到醋水中。

在我们不经意地切菜时有没有想过其背后的原因呢？

切蔬菜的主要目的就是要统一蔬菜的大小，让蔬菜熟得更均匀，吃起来口味更一致。将蔬菜切成一样的大小菜肴的外观也会更加好看。加热大小不一的蔬菜时较大的蔬菜要花费较长的时间才能熟，这样已经熟了的蔬菜就会被烧焦，或者由于被煮得过软而碎掉。所以烹饪时要将蔬菜切成一样的大小，按顺序先加热比较难熟的蔬菜。此外，制作中式炒菜时必须要快速翻炒，所以可以先将切好的材料用热水烫一下或过油后再进行翻炒。

选择何种切法也是有讲究的。比如将用来炖煮的蔬菜切成块是为了防止将食材煮碎，装盘时与切成薄片相比切成块的食材也更加美观。此外，炒菜时将蔬菜切丝是为了让蔬菜更容易入味，更容易食用，炒熟的时间也更短。

炸什锦

为了防止馅料散开要裹上猪牙花淀粉

炸茼蒿鹿尾菜

炸根菜

炸芋头蘑菇

| 增加拿手菜 |

在面衣中加入帕尔玛干酪，再选择
水芹等西方蔬菜就可以制成西式
炸什锦。如果有剩下来的菜可以将
香醋、蜂蜜和伍斯特辣酱加热制成
酱汁浇在剩菜上制成西式风味的
炸什锦盖浇饭。

炸什锦

材料（2人份）

炸芋头蘑菇
芋头…3 个（180 g）
蟹味菇…1/2 包（50 g）
香菇…40 g
汤汁…100 mL
A ┌ 砂糖…1 大勺
  │ 料酒…1 大勺
  └ 酒…1 大勺
酱油…1 大勺
盐…少许
低筋面粉…1 小勺
煎炸油…适量

炸茼蒿鹿尾菜
茼蒿…30 g
洋葱…30 g
鹿尾菜（干燥）…3 g
大豆（水煮）…40 g
低筋面粉…1 小勺
煎炸油…适量

炸根菜
牛蒡…25 g
南瓜…50 g
胡萝卜…20 g
嫩豌豆…4 个
咖喱粉…1/2 小勺
低筋面粉…1 小勺
煎炸油…适量

面衣
鸡蛋…1½ 个
低筋面粉…3/4 杯
冷水…150 mL

配菜
柠檬…1/4 个
萝卜泥…2 大勺
生姜…1 片
盐…少许

天汁
料酒…3 大勺
汤汁…180 mL
酱油…50 mL
鲣鱼干…3 g

菜品搭配建议

· 酱拌萝卜
· 浒苔味噌汤

所需时间 **50** 分钟

制作天汁

1 将料酒倒入锅中加热，让酒精挥发掉。由于酒精度数较高易燃，所以一定要注意安全。

2 将汤汁和酱油倒入步骤 1 中的锅里并用大火加热。

3 煮沸后加入汤料包或鲣鱼干。煮沸后将火关掉，出现浮沫时将浮沫撇出，关火后稍微放置一段时间。

煮芋头和蘑菇

4 用手将蟹味菇撕成一口大小。去掉香菇的菌柄后将香菇切成六块。

5 芋头洗干净，擦干水。削去芋头皮，切成 1 cm 厚的圆片。由于芋头表面比较滑所以要擦干后再削皮或者可以在手上沾些盐。

6 将芋头放入水中浸泡约 5 分钟，去除芋头表面的黏液和涩味。用热水或淘米水焯一下可以让芋头变白，同时也可以去除涩味。

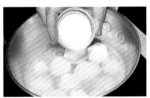

7 将汤汁和芋头倒进锅中并用大火加热。煮沸后用小火煮 5 分钟左右。用竹扦扎一下，如果能够稍微扎进去的话就将 A 倒进锅中。

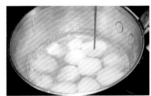

8 继续煮，当芋头变软至竹扦可以扎透时加入酱油和盐并轻轻搅拌。

9 加入蟹味菇和香菇煮 2~3 分钟。煮太久的话蘑菇就会由于失去水分而变小，所以快速地煮一下即可。

10 为了让食材更入味，关火后需要放置一段时间。放置30分钟以上让材料更好地入味。

处理炸茼蒿鹿尾菜的材料

11 将鹿尾菜放到充足的水中浸泡15分钟左右。泡软后快速清洗一下，然后将鹿尾菜放到筛子里以沥除水。

12 将茼蒿切成3~4 cm长的段。垂直纤维将洋葱切成两半，然后从边缘开始将洋葱切成薄片。

切炸根菜的材料

13 用刷帚将牛蒡清洗干净，然后将牛蒡切成5 cm长，再切成厚度为2~3 mm、长为5 cm的火柴棒状。

14 去掉南瓜瓤，将南瓜切成5 mm厚的薄片后再将其切成厚度2~3 mm、长5 cm的火柴棒状。

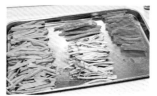

15 削掉胡萝卜皮，摘掉嫩豌豆的豆角弦。然后将胡萝卜、嫩豌豆、南瓜和牛蒡切成厚度2~3 mm、长5 cm的火柴棒状。

制作炸什锦的面衣

16 将鸡蛋、过筛的低筋面粉和冷水倒入碗中搅拌均匀。用几根长筷的尾部来搅拌即可。

油炸茼蒿鹿尾菜

17 将茼蒿、洋葱、鹿尾菜和大豆倒入碗中。然后将低筋面粉筛入碗中。加入的低筋面粉能够防止面衣脱落。

18 用手大幅度地搅拌让低筋面粉能够分布均匀。拿起底部的食材不断翻拌，将材料拌松散。

19 将步骤16中的1/3面衣倒入碗中并用筷子搅拌均匀。搅拌时将碗倾斜，从碗底开始大幅搅拌。

20 将材料放到一个比较大的勺中。将食材放到锅中食材会伸展开，所以盛的时候要装得稍微少一些。

21 将材料放到180℃的热油中炸。沿着锅边轻轻地将材料放入锅中。

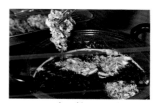

22 一边不断翻面一边炸2~3分钟。将面衣炸好后就可以捞出来。仔细沥掉油后将炸好的材料放到铺有滤油网的方盘里。

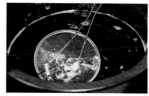

23 将茼蒿和鹿尾菜全部炸完后用油炸网将掉在油锅里的面衣和材料捞出来。

油炸根菜

24 将牛蒡、南瓜、胡萝卜和嫩豌豆倒入碗中，然后将低筋面粉筛到里面。与步骤18一样将低筋面粉拌匀。

25 放入咖喱粉，同样地用手轻轻搅拌。

30 用厨房用纸轻轻按压以去除水。

35 将柠檬切成半月形并切去柠檬的两端，为了更容易地拧出汁，可在每片柠檬上划 2~3 刀。

26 将步骤 16 中的 1/3 面衣倒入碗中并用筷子搅拌均匀。

31 将低筋面粉筛进装有材料的容器里，与步骤 18 一样将所有材料拌匀。

36 用擦菜板将生姜擦碎。擦的时候画圈移动生姜，这样生姜的香味会更好地释放出来。

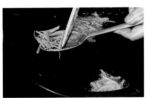

27 将材料装到一个较大的勺子中，然后放入 180℃ 的油中炸。贴着锅边将材料轻轻地放入油锅中。

32 将步骤 16 中的 1/3 面衣倒入碗中并用筷子搅拌均匀。然后将材料装到一个较大的勺子中。

37 将萝卜泥放到卷帘上，然后夹卷卷帘以沥除水。稍微沥除水，装盘时只要没有水流出即可。

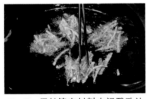

28 用长筷在材料中间戳孔让油能够进入里面，确保材料内部也能炸熟。滤掉油后取出材料，然后将油中的残渣清理干净。

33 放入 180℃ 油中炸。为了防止材料散开，要沿着锅边将材料轻轻地放入锅中。

38 将萝卜泥堆成三角锥的形状，然后将生姜放在上面并整理好形状。

29 将步骤 10 中煮好的芋头和蘑菇装到筛子里以滤除汤汁。汤汁可以用来做其他料理。除了芋头和蘑菇外还可以利用其他剩下的炖菜来进行油炸。

34 由于材料已经煮过了，所以只要将面衣炸好就可以出锅。沥掉油后将材料放到铺有滤油网的方盘中。

39 将炸什锦装盘。将步骤 3 中的天汁、步骤 35 中的柠檬、步骤 38 中的萝卜泥、生姜和盐放在旁边。如果比较介意油的话可以将纸铺到盘子里。

浇汁南瓜

蔬菜料理 04

两款炖蔬菜

要掌握好放入食材的时间

| 增加拿手菜 |

比较不容易煮碎的萝卜、牛蒡等根菜以及土豆等都非常适合炖煮。此外,还可以给剩下的炖菜裹上面衣用油炸一下,由于本来就已经调好味了,所以不用蘸任何东西可以直接食用。

芋头炖鱿鱼

浇汁南瓜

材料（2 人份）

南瓜…1/4 个（300 g）

鸡肉馅…120 g

毛豆（冷冻也可）…20 粒

生姜…1 片

A ┌ 酒…2 大勺
　└ 料酒…3 大勺

汤汁（参照 P50）…20 mL

砂糖…1 大勺

淡酱油…2 大勺

水溶的猪牙花淀粉…将猪牙花淀粉和水各 1 大勺搅拌均匀

色拉油…2 小勺

菜品搭配建议

· 生姜煮沙丁鱼
· 猪肉酱汤

所需时间 30 分钟

处理材料

1 去除南瓜籽和南瓜瓤后将南瓜切成 1 cm 厚的片。

2 将 A 中的材料倒入鸡肉馅中搅拌均匀。先将酒和料酒拌到鸡肉馅中可以让鸡肉变得更加柔软，肉馅也不会粘在一起。

3 毛豆煮 4~5 分钟后剥去豆荚，取出里面的豆粒。如果使用的是冷冻毛豆则需要先将毛豆浸泡到水中解冻后再取出豆粒。

4 削去生姜皮后将生姜切成细末。

翻炒南瓜

5 将色拉油放到用中火加热的煎锅中。油热后放入生姜稍微炒一下，然后放入南瓜并用大火翻炒。炒香后将南瓜取出。

炖煮材料

6 将汤汁和砂糖倒入煎锅中并用大火加热。加入步骤 2 中的鸡肉馅，肉熟后加入 1 大勺淡酱油。

7 将加水化开的猪牙花淀粉画圈倒入锅中勾芡。

8 将从步骤 5 中取出的南瓜倒入锅中煮熟。

9 尝一下味道，如果味道淡的话就将 1 大勺淡酱油一点点地倒入锅中调味。

10 最后加入毛豆并搅拌均匀，然后装盘。绿色的蔬菜如果过度加热，颜色就会变差，所以要最后放。

✖ Mistake

不要在加猪牙花淀粉前放入南瓜

用猪牙花淀粉给汤汁勾芡时，如果锅中有南瓜的话会很容易将南瓜弄碎，搅拌起来会比较困难。勾芡后的汤汁也比较不均匀，所以一定要注意。

勾芡时附着在南瓜上的猪牙花淀粉会变成面块。

芋头炖鱿鱼

材料（2人份）

鱿鱼…1 只
芋头…300 g
四季豆…3 根（30 g）
海带…5 cm
汤汁（参照 P50）…600 mL
酒…3 大勺
砂糖…2 大勺
料酒…2 大勺
酱油…2 大勺

菜品搭配建议

· 龙田炸青花鱼
· 朴树嫩苗鸡蛋汤

所需时间 35 分钟

3 用刀背将鱿鱼腿上的吸盘刮掉并清洗干净，擦干水后再将鱿鱼腿切成 4 cm 长。

4 将带皮的鱿鱼筒切成 2 cm 厚的圆圈状。再将鱿鱼鳍切成适当大小。将鱿鱼带皮炖煮的话汤汁会是红色的。

处理蔬菜

5 洗净芋头后擦干表面的水，削去芋头皮。将芋头放到淘米水中煮 5 分钟左右去掉表面的黏稠液体，浸泡在水中去掉米糠味。

6 去掉四季豆的豆角弦，然后将四季豆斜切开。若四季豆长度不一，将较短的四季豆斜切开，较长的四季豆直接横切开即可。

炖煮材料

7 将鱿鱼脚和鱿鱼筒放入步骤的锅中并用大火加热。煮沸后去除浮沫，取出海带。

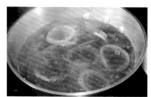

8 将火调小，炖煮 30 分钟左右，将鱿鱼煮软至竹扦可以一下扎透。

9 取出鱿鱼放到另一个锅中。用铺有厨房用纸的笊篱将汤汁过滤到装有鱿鱼的锅中。过滤后汤汁会更清澈。

10 将芋头放入汤汁里，加入砂糖和料酒并用小火煮 20 分钟左右。

11 将四季豆放入汤汁中煮 2~3 分钟后取出。四季豆长时间泡在汤汁里会变色，所以煮熟后要立即取出。

12 将汤汁浇在芋头上让芋头更加入味，当可以用竹扦扎透芋头时加入酱油。然后将芋头、鱿鱼和四季豆一起装盘，最后再浇上汤汁即可。

准备汤汁

1 将汤汁、酒和海带倒入锅中，不加热，直接放置 30 分钟。海带的味道在低温下才会释放，所以要慢慢地将海带的鲜味引出来。

处理鱿鱼

2 拽住鱿鱼脚将内脏拔出来。切掉眼睛下方的鱿鱼脚，抽出内侧的软骨，将鱿鱼筒清洗干净。

复习炖煮料理时的要点

根据食材来选择适当的切法，调节汤汁的量

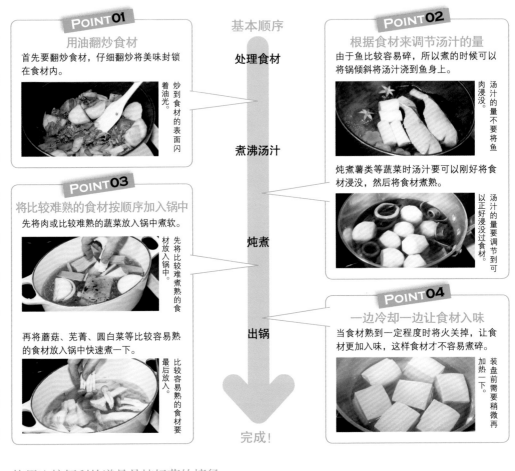

POINT 01

用油翻炒食材

首先要翻炒食材，仔细翻炒将美味封锁在食材内。

炒到食材的表面闪着油光。

基本顺序

处理食材

↓

煮沸汤汁

POINT 02

根据食材来调节汤汁的量

由于鱼比较容易碎，所以煮的时候可以将锅倾斜将汤汁浇到鱼身上。

汤汁的量不要将鱼肉浸没。

炖煮薯类等蔬菜时汤汁要可以刚好将食材浸没，然后将食材煮熟。

汤汁的量要调节到可以正好浸没过食材。

POINT 03

将比较难熟的食材按顺序加入锅中

先将肉或比较难熟的蔬菜放入锅中煮软。

先将比较难煮熟的食材放入锅中。

炖煮

↓

再将蘑菇、芜菁、圆白菜等比较容易熟的食材放入锅中快速煮一下。

比较容易熟的食材要最后放入。

出锅

POINT 04

一边冷却一边让食材入味

当食材熟到一定程度时将火关掉，让食材更加入味，这样食材才不容易煮碎。

装盘前需要稍微再加热一下。

↓

完成！

使用比较便利的道具是炖好菜的捷径

　　锅、锅盖、长柄勺或汤勺是制作炖菜时必不可少的道具。如果有小锅盖煮起来会更方便。当汤汁减少时将小锅盖放到食材上，这样就能让汤汁产生对流，即使汤汁很少也能够浸润全部食材。没有小锅盖的话也可以用烹饪用纸或锡箔纸代替。

　　有的炖煮材料在煮之前需要炒到一定的程度，有的炖煮材料一开始就要放到汤汁中炖煮。炖煮以根菜为代表的较硬的蔬菜时最好先炒一下，这样蔬菜会比较容易煮熟，同时也会增加菜肴的美味度和浓郁度。在炖煮鱼这种比较容易碎的食材时则不能提前炒，炖煮的时候也最好不要翻动。

　　一般来说刚开始炖煮时要用大火加热，煮沸后再将火调小维持微沸状态。如果一直用大火炖煮，在将食材煮熟之前汤汁就会煮没，很容易将食材煮烟，所以一定要注意。

香菇炖油豆腐鸡蛋

两款炖干菜

不管怎样都要先将干菜泡软

| 增加拿手菜 |

干菜做起来比较简单。比如晒干的根菜、蘑菇、薯类等，用这些来做菜很少会失败。此外，使用晒干的根菜做成的炖菜，甜味和香味会比较浓一些，所以要先尝一下味道再调味。

炖炒萝卜干

香菇炖油豆腐鸡蛋

材料（2 人份）

香菇干…6 个
油豆腐…1 个
鸡蛋…2 个
小松菜…1/2 束 (100 g)
砂糖…2 大勺
料酒…1 大勺
酱油…2 大勺
水…400 mL

菜品搭配建议

・烤鱼
・白肉蔬菜汤

所需时间 35 分钟

※ 不包含浸泡香菇的时间

3　将小松菜放到含有 1% 盐（分量外）的热水中焯一下。绿叶菜一定要放到足量的沸水中焯。

4　用笊篱将菜捞出来并放置冷却，挤掉水后将小松菜切成 4~5 cm 长。

5　将油豆腐放入步骤 3 的热水中快速焯一下以去掉油豆腐表面的油。

炖煮香菇

8　将泡软的香菇、步骤 1 中用来泡香菇的水、砂糖、料酒和酱油倒入锅中并用大火加热。煮沸后改成小火继续煮 10 分钟左右。

制作油豆腐鸡蛋

9　将一个磕开的鸡蛋倒进袋状的油豆腐里。然后将袋口收紧并用牙签将袋口固定住。

炖煮油豆腐鸡蛋

10　当香菇膨胀变软后，牙签朝上将油豆腐鸡蛋放入锅中。

处理材料

1　将香菇干放到 400 mL 的水中浸泡半日，浸泡后的汁液先放起来。为了防止香菇漂起来要用小一点的盘子或保鲜膜盖住碗口。

2　切掉小松菜的根部。将菜浸泡到水中去沙，这样也可以让蔬菜更加鲜嫩。

6　将油豆腐放在厨房用纸上以沥除水，并用筷子将其擀扁，然后切成两半，做成袋状。用筷子擀一下可以让袋子更容易打开。

7　在香菇表面划几刀作为装饰。刀痕要划在比较难入味的菌柄的上方。

11　用小火煮 8 分钟左右，煮的时候不时地将汤汁浇在油豆腐鸡蛋上，将鸡蛋煮至半熟至较硬的状态。

装盘

12　将菜盛出来并拔掉油豆腐上面的牙签。将小松菜放到锅中用汤汁烫温后装盘。

炖炒萝卜干

材料（2人份）

条状萝卜干…40 g
鸡腿肉…100 g
胡萝卜…40 g
汤汁（参照 P50）…400 mL
砂糖…1 大勺
酒…2 大勺
淡酱油…2 大勺
色拉油…2 大勺

菜品搭配建议

· 生鱼片沙拉
· 肉丸汤

所需时间 **40** 分钟

※ 不包含将萝卜干泡发的时间

3 将胡萝卜切成 2 mm 厚的薄片后，再将胡萝卜切成 2 mm 厚的条状。

4 将挤干水的萝卜干理成纵长状，然后再将萝卜干大略切成 4 cm 长。

翻炒材料

5 将色拉油放入用大火加热的煎锅中，油热后放入胡萝卜翻炒。先炒胡萝卜可以防止鸡肉变硬。

处理材料

1 将萝卜干在水中搓开并洗去表面的污垢。然后将萝卜干放到足量的温水里浸泡 20 分钟左右。

2 去掉鸡腿肉上多余的皮和油脂，并切掉筋。然后将鸡肉片成薄薄的条状。

炖煮材料

8 将汤汁、酒、砂糖和 1 大勺淡酱油放入锅中。也可以根据个人喜好加入少许香油（分量外）。

9 盖上锅盖用小火加热 5 分钟左右。

10 煮好后萝卜干要留有一定的嚼劲。可以稍微尝一下，将萝卜干煮至自己喜欢的硬度。

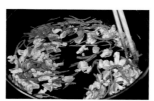

6 快速炒一下胡萝卜后加入鸡肉炒 2~3 分钟，将鸡肉炒开。

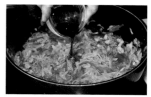

11 拿下锅盖让水挥发，然后加入 1 大勺淡酱油并大致搅拌一下。

7 当鸡肉的表面变成白色后加入萝卜干炒 1 分钟左右，炒的时候要注意将萝卜干炒开。

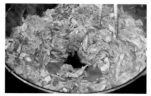

12 为了防止上面的菜变干，要不时地上下翻动，煮至只剩少许汤汁时就可以装盘了。

很多人不了解干货的正确泡发方法

虽然都是干货，但泡发方法却不尽相同

鹿尾菜

海藻晒干后制成的干制品。比较长的是鹿尾菜的茎，切得比较短的是鹿尾菜的叶片。

泡发方法 轻轻洗净后将鹿尾菜放到足量的水中泡泡 15 分钟左右。如果可以用指甲撕断就说明鹿尾菜已经泡发。然后挤出鹿尾菜中的水。

将鹿尾菜放到笊篱中轻轻洗净。

然后放到体积是鹿尾菜数倍的水中浸泡。

萝卜干

将切成小块或细丝状的萝卜晒干后制成的干制品。夏天需要冷藏保存。

泡发方法 用大量的水洗掉表面的污垢。然后放到可以没过萝卜干的水中浸泡 5 分钟左右。用来泡发的水可以用来做菜。

用流水仔细清理干净。

浸到水中后就不要再翻动萝卜干。

干木耳

木耳是蘑菇的一种，将鲜木耳晒干后即干木耳。吃起来比较有嚼劲，多用于中华料理。

泡发方法 将干木耳轻轻洗净，然后放到温水中浸泡 15 分钟左右。泡发后切掉较硬的部分（木耳根）。

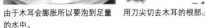

由于木耳会膨胀所以要泡到足量的水中。

用刀尖切去木耳的根部。

高野豆腐

将冷冻的豆腐晾干后制成的干制品，也叫冻豆腐。也有切成小块的高野豆腐。

泡发方法 将高野豆腐放到装有温水的方盘中浸泡 30 分钟。浸泡过程中要反复地用手按压洗净。

水要刚好没过豆腐。

反复按压至水变浑浊。

如何更好地利用我们不经常使用的干货

有很多人觉得将干货泡发会比较麻烦，而且也不了解具体的使用方法。但是一旦能够掌握干货的用法，在食材不足时干货就会成为一个很好的选择。

为了能够更好地利用干货最好将它们放置于比较显眼的位置。将干货放到透明的罐子中就可以马上找到它们。干货比较怕潮，所以一定要将容器仔细地密封起来并放入干燥剂。此外，在处理海带、萝卜干、粉丝时尽量不要用刀切，最好用烹饪用的剪刀来剪。但是如果将海带剪得太细就会出现涩味和黏液，所以在熬煮汤汁时直接用大块的海带即可。

如果只是制作鹿尾菜、萝卜干等这些以干货为主的炖菜的话会很容易吃腻。所以也可以像蔬菜那样将干货当成制作沙拉、汤或炒菜的一种食材。

两款蔬菜豆腐

把食材快炒拌匀

苦瓜豆腐

烤麸豆腐

| 增加拿手菜 |

蔬菜豆腐的日文名取自于冲绳方言，原意是搅拌的意思。将各种蔬菜和豆腐炒在一起就制成了具有冲绳特色的蔬菜豆腐。此外，使用冲绳的岛豆腐做出的蔬菜豆腐会更正宗。

苦瓜豆腐

材料（2 人份）

苦瓜…1 个（150 g）
木棉豆腐…1/3 块（100 g）
午餐肉（罐头肉）…100 g
鸡蛋…1 个
海带茶…1 小勺
色拉油…少许
盐、胡椒粉…各适量
鲣鱼干…少许

菜品搭配建议

· 猪耳朵拌花生
· 海蕴汤

所需时间 20 分钟

3　将苦瓜切成 3 mm 厚的半月状。

4　木棉豆腐放到耐热容器中，用保鲜膜封住加热 1 分钟左右。用厨房用纸沥除水，再将豆腐切成 1 cm 厚的条状。

5　将午餐肉切成 5 mm 厚的条状。

8　待苦瓜炒软后加入海带茶、少许盐和胡椒粉继续炒。根据午餐肉和海带茶的含盐量来调节盐的用量。

9　将搅匀的蛋液倒在食材中间。

10　用硅胶铲从锅底大幅翻动食材，当鸡蛋变成半熟状态时就可以装盘了，最后撒上鲣鱼干即可。

POINT!

若未将苦瓜瓢清理干净……

苦瓜瓢残留会影响苦瓜的口感，入口后还会带有苦味，所以一定要清理干净。如果不喜欢苦味，可以先将苦瓜用热水焯一下，或用盐搓也可以有效地去除苦味。

处理材料

1　切掉苦瓜的头尾后将苦瓜纵切成两半。

2　用勺子将里面的籽和瓢挖干净。如果不将瓢处理干净的话苦瓜会比较苦。

煎炒材料

6　将色拉油倒入用中火加热的煎锅中。油热后将豆腐放入锅中，先只煎一面，当煎至金黄色后再翻面煎，然后放入午餐肉翻炒。

7　待午餐肉炒至金黄且有微焦的香味时，将苦瓜放入锅中，改用大火快速翻炒。

一直清理到可以看见白色的部分，仔细将苦瓜瓢刮干净。

烤麸豆腐

材料（2人份）

车轮烤麸（也可以使用冲绳烤麸
或一般烤麸）…20 g
薄片猪里脊肉…100 g
胡萝卜…30 g
韭菜…20 g
豆芽…50 g
洋葱…30 g
鸡蛋…1 个
酱油…2 小勺
砂糖…2 小勺
芝麻油…1 小勺
色拉油…3 小勺
盐、胡椒粉…各适量
万能葱…1 根
白芝麻…1/2 小勺

菜品搭配建议

· 拌苦瓜
· 礁膜汤

所需时间 20 分钟

处理材料

1 用手将车轮烤麸撕成一口大
小，然后放入水中浸泡 1 分钟
左右。

2 使用一般烤麸时，也要像车轮
烤麸那样放入水中浸泡，泡软
后取出并拧干水。

3 攥住几块烤麸并拧出其中的水
分。

4 将一小撮盐放到蛋液中搅匀。
然后加入车轮烤麸并拌匀，放
置 3 分钟左右让烤麸吸收蛋液。

5 将韭菜切成 3 cm 长，把胡萝
卜切成和韭菜粗细差不多的
3 cm 长的细丝。摘掉豆芽的头。
将洋葱切成 1~2 mm 厚的薄片。

6 将薄片猪里脊肉切成 2 cm 长
的肉片。

7 撒少许盐和胡椒粉在猪肉上，
然后用手揉搓使之入味。

煎炒材料

8 将 2 小勺色拉油放入用大火加
热的煎锅中，油热后将用蛋液
浸泡过的烤麸放入锅中。当将烤麸
的两面都煎成金黄色后取出烤麸。

9 用大火加热步骤 8 中的煎锅，
然后倒入 1 小勺色拉油。油热
后加入猪肉翻炒，炒至金黄后加入
胡萝卜和洋葱继续炒。

10 加入酱油和砂糖。贴着锅
边加入酱油，当酱油受热
变香后再搅拌。

11 加入豆芽快速拌匀，从步
骤 8 中取出的烤麸倒回锅
中炒匀。尝一下味道，若味道比较
淡可加入适量的盐和胡椒粉调味。

12 最后加入韭菜，沿着锅边
倒入芝麻油。装盘后将切
成圆圈状的万能葱和白芝麻撒在上
面。

冲绳的家庭料理

利用冲绳本地的食材做出正宗的冲绳料理

炒煮菜

材料与制作方法（2人份）

❶ 将切成细丝的海带（100 g）和香菇干（3个）放到水中泡发，然后沥除水。再将香菇、魔芋丝（125 g）和薄片猪里脊肉（80 g）分别用水焯一下。然后焯过的香菇和猪肉都切成细丝。

❷ 将色拉油（1大勺）倒入用大火加热的煎锅中，油热后加入步骤❶中的材料翻炒。

❸ 炒熟后将泡香菇的水（1大勺）、淡酱油（2大勺）、料酒（3大勺）和砂糖（1/2大勺）倒入锅中炒煮。

圆白菜炒豆腐

材料与制作方法（2人份）

❶ 将卷心菜（圆白菜，600 g）撕成一口大小，把午餐肉（罐头肉，100 g）和木棉豆腐（1/2块）切成短条状，将大葱（葱白部分，1根）切成2~3 cm长。

❷ 将色拉油（1/2大勺）倒入用大火加热的煎锅中，油热后将午餐肉和豆腐放入锅中，炒至金黄后取出。

❸ 继续将色拉油（1大勺）倒入用大火加热的煎锅中，油热后放入圆白菜和大葱翻炒。加入步骤❷中的午餐肉和豆腐并放入酱油（少许）、料酒（少许）、盐（少许）调味。装盘后将斜切开的万能葱撒在上面。

石莼天妇罗

材料与制作方法（2人份）

❶ 用水将石莼（干石莼，5 g）泡发，然后沥除水。将胡萝卜（60 g）切成长条，将洋葱（160 g）切成薄片。

❷ 将过筛的低筋面粉（100 g）、鸡蛋（1个）、海带茶（少许）、水（150 mL）和盐（少许）搅拌均匀，制成天妇罗的面衣。

❸ 将步骤❶中的材料放入面衣中搅拌均匀，然后裹上过筛面粉（1大勺）并放入180℃的油中煎炸，面衣炸熟后即可捞出。装盘后将盐放在旁边备用。

冲绳食材备受瞩目的原因

  冲绳料理中的炒菜、味噌炖菜等料理名称大多使用的都是冲绳方言。料理所使用的食材也大多是冲绳特有的珍贵食材，这些食材的营养价值也非常高。

  在不久之前苦瓜还是很难入手的食材，但现在用很便宜的价格就能轻易买到。由于苦瓜中含有耐热性较好的维生素C，所以加热后苦瓜中的维生素含量与新鲜苦瓜几乎没有差别。此外，冲绳岛豆腐的水分含量比木棉豆腐还要少，烹饪时不容易碎，同时还蕴含着大量的蛋白质和矿物质。具有独特的丰富多汁口感的海葡萄是宫古岛海域出产的海藻之一，富含海洋矿物质。别名为冲绳的塔巴斯科辣味沙司的冲绳岛辣椒沙司，是用冲绳的泡盛烧酒腌渍而成的调味料，经常出现在冲绳人家的餐桌上。

蔬菜料理 07

味噌茄子肉片

用高温翻炒有利于去除茄子中的水

| 增加拿手菜 |

提前做好味噌酱汁，炒好菜后直接加入酱汁就可以制成一道味噌炒菜！酱汁除了可以用于炒菜外，加入大葱、豆瓣酱、生姜等还可以用来制作味噌炖菜、味噌烧烤等各种料理。

味噌茄子肉片

材料（2 人份）

薄片猪五花肉…120 g
茄子…4 个（600 g）
圆白菜…2 片（120 g）
青椒…1 个（40 g）
大葱（葱白部分）…15 g
生姜…1 片
A ┌ 酒…1 小勺
　└ 酱油…1 小勺
芝麻油…1 大勺
色拉油…2 大勺
熟白芝麻…1 小勺

混合调味料
田园味噌…2 大勺
砂糖…1 大勺
料酒…1 大勺
酱油…2 大勺

菜品搭配建议
· 中式拌鱿鱼
· 青菜汤

所需时间 **20** 分钟

处理材料

1 将茄子顶端连带萼片一起切掉。

2 一边转动茄子一边将茄子切成一口大小的滚刀块。

3 将茄子浸泡到足量的水中以去除涩味。其间要不时地翻动茄子，浸泡 10 分钟左右。

4 将青椒纵切成两半，去掉青椒蒂、里面的辣椒籽和白色的瓤。

5 将青椒切成和茄子大小差不多的块。

6 切掉圆白菜的白色菜帮。切掉较硬的部分就可以，注意不要切掉菜叶。

7 将菜帮削成薄片。圆白菜的菜帮比较难熟，所以要将菜帮削成薄片让白菜帮和其他蔬菜可以同时炒熟。

8 将圆白菜的菜叶切成 3~4 cm 见方的块。将大葱和生姜切末。

9 当用来浸泡茄子的水变色后将茄子洗净并沥除水。

10 茄子放到筛子里沥除水，用毛巾擦去表面的水。沾有水的茄子一旦倒入热油中就会崩油，很难将茄子炒香。

处理猪肉

11 将薄片猪五花肉切成 3 cm 长。切肉时会将菜板弄脏，所以先切完蔬菜再切肉。

12 将猪肉腌渍入味。将 A 中的材料和猪肉放到碗中并用手轻轻揉搓。仔细揉搓让猪肉充分地吸收水分。

13 用料酒将田园味噌和砂糖化开。然后再倒入酱油并仔细搅拌。

14 将色拉油倒入用大火加热的煎锅中。

15 油热后将茄子放入锅中。等到茄子煎至金黄色后再翻面。晃动煎锅将茄子的两面都煎成金黄色。

16 待茄子两面都煎成金黄色后，将茄子一次性地倒在方盘里。

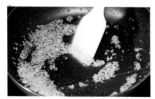

17 用大火加热步骤 16 的煎锅，然后再倒入芝麻油。油热后加入大葱和生姜炒至有气泡冒出，让材料释放出香气。

18 炒香后将猪肉摊放到锅中，先用大火将单面煎至金黄。注意不要将猪肉叠放在一起，否则会受热不均。

19 当猪肉单面煎至金黄后翻面，一边用硅胶铲将肉揉开一边将猪肉的另一面也煎成金黄色。

20 加入圆白菜的菜帮和菜叶并快速翻炒，然后加入茄子和青椒继续翻炒。

21 将步骤 13 中的混合调味料画圈倒入锅中。

22 一边大幅地晃动煎锅一边快速翻炒。用硅胶铲从锅底大幅地翻动搅拌。

23 装盘后将捏碎的熟白芝麻撒在上面。

POINT!

仔细沥除茄子的水

茄子的吸水性很强，如果不能够充分地去除水，放入油中翻炒时油就会迸溅出来，焯好后茄子中的水分含量就会过大。用筛子沥除水后还要用毛巾擦一下。

用毛巾将茄子包起来，从上向下按压，仔细地擦掉茄子表面的水。

✗ Mistake

如果先放圆白菜，肉会很难炒熟

如果在炒肉前先放入圆白菜，肉会很难炒熟。圆白菜即使是生的也可以食用，所以一定要按顺序将比较难熟的食材先放入锅中。

先放入圆白菜的话，锅中就没有足够的空间将猪肉摊开。

哪些蔬菜需要去除涩味

烹饪前如果不好好准备的话料理就会带有涩味

茄子

茄子的切口一旦与空气接触就会被氧化，变成茶色。所以切完后要立即浸泡到水中，使用前沥除水。

土豆

将土豆浸泡在水中以去除过多的淀粉。这样可以防止在煎炒、炖煮、油炸时土豆会粘在一起。

牛蒡

由于牛蒡很容易变色，所以切好后要立即放到醋水中浸泡。醋水的配比为：500 mL 的水中加入 1 大勺醋。

莲藕

切好后立即浸泡在醋水中。如果想要更充分地去除涩味的话也可以用醋水焯一下。

菠菜

用含有 1% 盐的热水焯一下。热水变成绿色就是菠菜中的涩汁流出的证据。然后将菠菜浸泡到冷水中。

山野菜

用小苏打揉搓后将山野菜放到热水中浸泡一会。然后洗掉上面的小苏打和涩汁。

炖菜时去除浮沫的方法

肉中的脂肪和蔬菜中的涩汁是炖菜、火锅等的汤汁中出现的浮沫的原因。但是汤汁中包含了食物的各种美味，所以只去除浮沫即可，剩下的汤汁要倒回锅中。

用大火加热后会出现浮沫，只舀出白色浮沫即可。

吹掉上面的浮沫，然后将剩下的汤汁倒回锅中。

要想做出美味的菜肴就必须去掉蔬菜的涩味

蔬菜中含有苦味和涩味成分。几乎所有的蔬菜都含有多酚成分，尤其是牛蒡、茄子、莲藕、土豆等的多酚含量要比其他蔬菜高得多。多酚接触空气后就会发生氧化，如果切完后直接放置不管的话切口就会变色、变黑。所以为了防止氧化，切好后要立即将蔬菜浸泡到水中，阻断蔬菜和空气的接触，防止蔬菜变色。将蔬菜浸泡到醋水中不仅可以阻断空气，醋本身还具有阻止氧化的作用，可以更好地防止蔬菜变色。

此外，菠菜和竹笋中还含有草酸这种涩味成分，所以比较容易带有苦味。但草酸可以溶于水，所以可以将它们浸泡到水中或用盐水焯一下以去除涩味。

第5章

鸡蛋、豆腐料理

做菜基础⑤

制作鸡蛋、豆腐料理前需要了解的事项

根据食材的特性选择适当的保存方法

正因为是常备食材所以更应该仔细保存

鸡蛋购买后就可以直接放到冰箱冷藏2周左右。包装上标示出的食用期限是可以生吃的期限，所以在过期后的很长一段时间内，鸡蛋还是可以加热食用的。此外，在保存前千万不要用清水清洗鸡蛋。如果水滴穿过蛋壳上的气孔渗入到蛋内，细菌就很容易进入，鸡蛋会很容易腐坏。而且比较令人遗憾的一点是鸡蛋不能直接冷冻保存。如果实在想冷冻的话可以先将鸡蛋加热后再冷冻保存。

豆腐是一种要尽早食用的食材，如果想延长保存期限的话可以将豆腐放到容器或碗中，然后用干净的水浸泡起来再冷藏保存。每天换水的话可以保存4天左右。豆腐冷冻后水分会变少，变成海绵状的高野豆腐（冻豆腐），可以继续食用。如果想将豆腐做成高野豆腐的话就可以将豆腐冷冻起来。

鸡蛋

营养数据

鸡蛋是一种含有蛋白质、矿物质和维生素等营养比较均衡的食材。为了防止摄取过量的胆固醇，一天内鸡蛋的食用量应该控制在1~2个。

保存方法

冷藏时将比较尖的一端朝下放置
将比较尖的一端朝下放置，放到冰箱门上的收纳盒或包装盒中冷藏。

加热后再冷冻
鸡蛋是不可以直接冷冻的，冷冻前要先将鸡蛋煎一下，切细后再冷冻，这样用起来会比较方便。

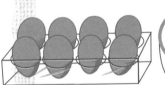

豆腐

营养数据

豆腐的原料大豆中，含有蛋白质和维生素E。此外，它还富含钙、铁、钾等多种矿物质，是一种非常有营养的食材。

保存方法

浸没在水中冷藏
将豆腐放到能够刚好把豆腐浸没起来的水中冷藏。每天都要换水。

冷冻后制成高野豆腐
冷冻后的豆腐就变成了冻豆腐。冷冻后豆腐就会失去原有的口感。

鸡蛋、豆腐料理 ⓵

西班牙蛋饼

要想煎好蛋饼的底面，关键是要追加橄榄油

| 增加拿手菜 |

制作西班牙蛋饼时土豆是必不可
少的。如果有剩下的土豆炖肉、土
豆色拉、德国风味土豆煎饼等土豆
料理时，可以将这些菜倒进蛋液中
搅拌均匀后制成西班牙蛋饼风味
的料理。

西班牙蛋饼

材料（2 人份）

西班牙蛋饼

鸡蛋…6 个
土豆…100 g
洋葱…1/2 个（100 g）
大蒜…少许
鳀鱼酱…1/2 小勺
白葡萄酒…1 大勺
黄油…5 g
橄榄油…2 大勺
盐、胡椒粉…各适量
香芹…适量

番茄酱汁

番茄酱…3 大勺
塔巴斯科辣味沙司或辣味番茄酱…1 大勺

菜品搭配建议

· 四季豆鸡肉色拉
· 西班牙凉汤

所需时间 **30** 分钟

处理材料

1 削掉土豆皮后将土豆切成 1 cm 见方的小块。

2 将土豆放到含有 1% 盐的热水中煮一下，注意不要将土豆煮碎。

3 将洋葱和土豆一样切成 1 cm 见方的小块，将大蒜切成末。

4 磕开鸡蛋。逐个将鸡蛋磕到容器中，检查里面是否有蛋壳，确认完毕后再将鸡蛋倒进碗中。

5 将 1/2 小勺盐和一小撮胡椒粉放入蛋液中搅拌化开。与筷子相比用叉子能更好地将蛋液拌匀。

制作蛋液

6 将步骤 2 中的土豆煮至用竹扦一下能扎透后，用笊篱捞出，然后沥除土豆上的水。

7 将 1 大勺橄榄油和大蒜放到用小火加热的煎锅中。然后将大蒜炒香。

8 将洋葱和鳀鱼酱放入锅中，然后将洋葱炒软。也可以用切碎的鳀鱼来代替鳀鱼酱。

9 将洋葱炒至如上图所示的焦糖色。

10 将步骤 9 中的洋葱、步骤 6 中的土豆、白葡萄酒加入步骤 5 的蛋液里并搅匀。

煎蛋卷

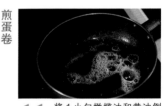

11 将 1 小勺橄榄油和黄油倒入用大火加热的煎锅中。一直加热到黄油融化。

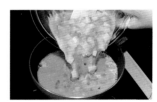

12 黄油融化后，将步骤 10 中的材料倒入锅中。

13 一边摇晃煎锅一边用硅胶铲大幅搅拌。

14 用力地搅拌全部蛋液，让蛋液的中心也能够煎熟。倒入蛋液后如果不搅拌到一定程度，蛋液就会熟得比较不均匀。

15 蛋液凝固后将火调小，将蛋液表面弄平后盖上锅盖，煎2分钟左右。

16 2分钟后拿下锅盖，沿着锅边将1小勺橄榄油均匀地倒进锅底。然后再盖上锅盖继续煎2分钟左右。

17 当下面的鸡蛋煎好后，为了方便取出鸡蛋要用硅胶铲沿着锅边铲出空隙。

18 拿起煎锅，将蛋饼倒在盘子里，鸡蛋的表面朝下。等到鸡蛋快熟了的时候再翻面。

19 将1小勺橄榄油放到用中火加热的煎锅中。油热后将盘子里的鸡蛋滑放到锅中，煎的时候用硅胶铲轻轻按压。

20 将锅底一面的蛋饼煎好后倒在菜板上。如果煎过了，蛋饼就会变得干巴巴，如果没有煎熟，蛋饼会很易碎。

制作番茄酱汁

21 将塔巴斯科辣味沙司或辣味番茄酱放到番茄酱里并搅拌均匀。

装盘

22 呈放射状地切开蛋饼。装盘，然后浇上番茄酱汁，再放上香芹即可。

✕ Mistake

翻面时将蛋饼弄碎

在蛋饼还没凝固时就翻面的话蛋液就会流出，从而破坏蛋饼的形状。在用硅胶铲铲开锅边的蛋饼时要确认一下锅底的鸡蛋是否已经凝固，然后再翻面。如果还没煎好的话就盖上锅盖再加热一会。

在半熟状态的时候翻面，里面的土豆等馅料会掉落出来，蛋饼就会碎掉。

即使可以翻过来，蛋饼中途也会裂开，形成不了漂亮的圆形。

鸡蛋烧糊后粘在锅底上

这是因为没有补足橄榄油。一开始倒入锅中的橄榄油已经被鸡蛋吸收掉，所以鸡蛋要烧糊时一定要再放些橄榄油，让橄榄油流到整个锅底，这样鸡蛋就不会烧糊，可以漂亮地翻面。

如果鸡蛋烧糊后粘在锅底，翻面时蛋饼就会碎掉。

西班牙蛋饼的馅料变化

西班牙蛋饼是一款与日式蛋饼味道不同且分量较足的料理

番茄奶酪蛋饼	海鲜蛋饼

材料与制作方法 (4 人份)

❶将大葱（葱白部分，50 g）切成 1 cm 长的葱段、小番茄（8 个）切成薄片。将比萨奶酪（40 g）切碎。

❷将橄榄油（1/2 大勺）放入用大火加热的煎锅中，油热后放入大葱。炒出甜香后取出大葱并去除余热。

❸将鸡蛋（6 个）磕到碗里，加入少许盐和胡椒粉搅拌均匀。然后放入小番茄、比萨奶酪和步骤❷中的大葱并拌匀。

❹之后的制作步骤请参照 P202~203 的步骤 11~12。

材料与制作方法 (4 人份)

❶将虾、扇贝的贝柱、鱿鱼（共 120 g）和洋葱（1/2 个）切成 1 cm 见方的小块。将蒜油（1/2 大勺）倒入用大火加热的煎锅中，油热后放入海鲜翻炒。然后加入白葡萄酒（2 大勺）熬煮，将汤汁熬干后取出海鲜并去除余热。

❷将橄榄油（1 大勺）放入步骤❶中的煎锅里，油热后加入洋葱炒至甜香。

❸将鸡蛋（6 个）磕到碗里，加入少许盐和胡椒粉搅拌均匀。然后加入步骤❶和步骤❷中的材料拌匀。

❹之后的制作步骤请参照 P202~203 的步骤 11~12。

加入土豆的蛋饼是西班牙的家庭之味

在西班牙人们把蛋饼叫作tortilla。它是西班牙的家庭料理之一，其中以加入土豆的蛋饼最为有名。从美洲大陆引进的土豆对于当时的农民来说是必不可少的食材，人们经常将土豆做成炖菜、沙拉或蛋饼。所以到了现在，一提到西班牙风味蛋饼人们就会使用大量的土豆来制作。

除了土豆外蛋饼中的其他馅料都很具有地方特色。比如在盛产番茄、青椒的穆尔西亚地区人们会在蛋饼中放入番茄、青椒等色彩鲜艳的蔬菜。安达卢西亚地区以圣山的名字命名的蛋饼则加入了羊脑和蚕豆。在经常食用沙丁鱼的坎特伯雷地区则会在蛋饼中加入鳀鱼。

鸡蛋、豆腐料理 02

番茄炒蛋

将其他食材和鸡蛋搅拌均匀并炒至松软

| 增加拿手菜 |

除了盐以外，还可以有很多种调味
方法。比如可以像煎鸡蛋或蛋饼那
样加入砂糖增加甜味，也可以放入
汤汁、酱油、牛奶或奶酪粉等来给
鸡蛋调味。

番茄炒蛋

材料（2 人份）

鸡蛋…3 个
番茄…1 个（200 g）
朴树嫩苗…1/2 包（50 g）
生菜…2 片（60 g）
大蒜…1/3 片
螃蟹风味的鱼糕…65 g
酒…1 大勺
鸡架汤…2 大勺
色拉油…25 mL
盐、胡椒粉…各适量

菜品搭配建议

·烧卖
·芥菜汤

所需时间 **20** 分钟

处理番茄

1 用菜刀或小刀将番茄蒂的周围挖掉。

2 利用水烫剥皮的方法剥掉番茄皮。将刚好可以没过番茄的水倒入锅中煮沸。

3 煮沸后将置于漏勺中的番茄放入锅中。然后上下翻动番茄煮3 秒左右。

4 当番茄蒂周围的皮裂开后马上取出番茄。挖掉番茄蒂，剥起皮来会更容易。

5 将番茄浸到冷水中，从裂开的部分开始剥皮。如果不马上放到冷水中的话番茄里面就会越来越热。

6 将番茄切成两半，再从边缘开始将番茄切成 2 cm 厚的半月形。

7 将番茄放到铺有厨房用纸的方盘里，沥除水。炒的时候油一旦遇到水就会四处迸溅，所以一定要仔细擦干表面的水。

处理材料

8 切掉朴树嫩苗的根，用手将嫩苗分成适当的大小。将嫩苗横切成两段。可以用竹扦将嫩苗分开。

9 将生菜切成 4~5 cm 见方的小块。

10 剥掉蒜皮，取出蒜芯，然后将大蒜切末。

11 用手将螃蟹风味的鱼糕撕成一口大小。

12 将鸡蛋打到容器中，加入一小撮盐和少许胡椒粉搅拌化开。

13 将1小勺色拉油和大蒜放到用中火加热的煎锅中。如果用大火加热的话蒜会煳掉。

14 大蒜炒香后加入螃蟹风味的鱼糕和朴树嫩苗，并用大火翻炒。

15 加入生菜快速炒一下后，将酒、鸡架汤、少许盐和胡椒粉放入锅中。

16 大幅搅拌，让调味料融入蔬菜中。

17 将炒好的菜先倒进方盘里。如果继续翻炒的话生菜就会变软，所以要先把菜倒出来让生菜留有一定的嚼劲。

18 撒少许盐在番茄上，让番茄提前入味。然后将番茄翻面，在另一面上也同样地撒上少许食盐。

19 将1小勺色拉油倒入用大火加热的煎锅中。油热后将番茄放入锅中，煎制番茄的两面让番茄中的水分挥发出去。

20 煎熟后也将番茄倒进方盘中。

21 将1小勺色拉油倒入用大火加热的煎锅中，油热后将鸡蛋全部倒进锅中。用较多的油来炒，炒出的鸡蛋才会比较松软。

22 当鸡蛋开始凝固时立即用硅胶铲将鸡蛋轻轻切开。

23 当鸡蛋变成半熟时加入步骤17中的材料和步骤20中的番茄。在鸡蛋没有完全炒熟前将材料尽快炒匀。

24 用硅胶铲大幅地翻动材料，炒匀后装盘。不要将材料和鸡蛋过度地搅拌在一起。

✖ Mistake

鸡蛋和蔬菜没有很好地融合在一起

关键是要在半熟状态下加入材料大幅翻炒。鸡蛋熟过劲或将鸡蛋和材料烂糊糊地搅在一起都是不可以的，这样会破坏菜肴的外观。最好用硅胶铲或较大的勺子来翻炒。

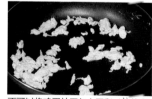

不可以将鸡蛋炒至如上图所示的状态。应该在半熟的状态下加入其他材料。

炒的时候不要按压材料，这样会将番茄弄碎。

给蔬菜削皮也有技巧

虽然削皮很麻烦，但只要了解了削皮的技巧后就会更轻松

技巧 1 轻松地剥下比较难剥的皮

番茄

挖掉番茄蒂后放到 100℃ 的开水中让番茄皮裂开，从裂开的部分开始剥皮。（水烫剥皮）

大蒜

将大蒜竖着切开后再剥皮会比较好剥一些。剥完蒜皮后一定要去掉蒜瓣上方的绿芽。

技巧 2 留下比较美味的部分

南瓜

与皮连接的果肉部分也非常美味，所以只需削去薄薄的一层皮。果肉上要稍微留些绿色。

牛蒡

牛蒡的皮也非常美味，所以不用削皮也可以。一边用流水清洗一边用刷子刷掉表面的污垢。

技巧 3 削出好看的形状

芜菁

将芜菁的表面削成光滑的曲面。削成六个曲面的方法叫作六方形去皮法。

萝卜

用刀旋转着削去圆筒状蔬菜外皮的这种方法叫作旋切法。尤其要注意的是削下来的皮的厚度要均匀。

技巧 4 削皮同时可进行的其他操作

土豆

用刀刃或削皮器将削皮后剩下的土豆芽剔下来。土豆芽是不能食用的，所以一定要去除。

芦笋

先用刀将芦笋表面的突起（叶鞘）削平后再用削皮器削掉薄薄的一层皮，削皮后芦笋的表面仍然呈绿色。

利用削下来的外皮做出节约型菜肴

在烹饪蔬菜前洗菜或削皮是必不可少的作业。尤其在处理可以带皮吃的蔬菜时一定要将蔬菜表面的沙土和农药仔细清洗干净。削掉外皮可以让蔬菜食用起来更方便，加热后会更容易熟。

大家会不会把削下来的外皮或蔬菜蒂直接扔掉？当然有很多部分是不能食用的，但我还是希望大家能够充分利用那些能食用的部分。比如可以先将外皮或蔬菜蒂冷冻起来，煮汤时就可以作为煮汤的材料来利用。此外，可以用土豆皮和南瓜皮来制作炸什锦，将萝卜或胡萝卜的皮切成细丝后可以用来制作金平牛蒡，切碎后还可以用来炒菜。

除了可以用来做菜外，还有很多其他用途。比如可以将晒干的橘子或苹果的皮放到汤料包中制成入浴剂，用土豆皮来擦拭镜子或窗户可以有效防尘。

袱纱蛋卷

在放入烤箱前要仔细加热

| 增加拿手菜 |

可以将蛤蜊、扇贝壳、螃蟹壳倒入
蛋液中烤制，这样做出来的菜会很
漂亮。非常适合用来招待客人。如
果在袱纱蛋卷上浇上蔬菜汁会更
有宴席的感觉。

袱纱蛋卷

材料（2人份）

袱纱蛋卷

鸡蛋…4 个
嫩豆腐…1/2 块
鹿尾菜（干燥）…5 g
胡萝卜…20 g
嫩豌豆…4 根

A ⎡ 汤汁…1 大勺
　⎢ 淡酱油…1 大勺
　⎣ 砂糖…1 大勺

淡酱油…2 小勺
料酒…2 小勺
色拉油…1 小勺

配菜

萝卜泥、酱油…各适量
嫩芽葱…适量

菜品搭配建议

· 土豆朴树嫩苗拌鳕鱼子
· 茄子油豆腐味噌汤

所需时间 **30** 分钟

※ 不包含将鹿尾菜泡发的时间

处理材料

1 将鹿尾菜放到笊篱中并用流水大致清洗一下。然后放到充足的水中浸泡 20 分钟左右，泡发后再放到笊篱中沥除水。

2 将胡萝卜切成 1~2 mm 厚的薄片。再将薄片稍微错开地叠放在一起，然后从边缘开始将胡萝卜切成细丝。

3 摘掉嫩豌豆的豆角弦，将其放入含 1% 热盐水中焯一下，沥除水。再从边缘开始将嫩豌豆切成和胡萝卜一样的细丝。

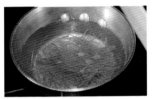

4 将胡萝卜丝放到含有 1% 食盐（分量外）的热水中焯软。焯完后去掉余热并沥除水。

5 用厨房用纸将嫩豆腐包起来，用手轻轻按压以沥除豆腐中的水。

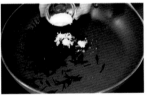

6 将鹿尾菜放到煎锅中快速地炒一下，然后加入 A 中的材料搅拌入味。

7 将炒好的鹿尾菜倒进方盘中，去除余热。

8 将鸡蛋逐个打到容器中，如果蛋液中有碎蛋壳要立即取出。将鸡蛋逐个打到容器中是为了便于轻易取出进入到蛋液中的杂质。

9 将蛋液倒进一个容器中搅拌均匀。

制作蛋液

10 将沥除水的豆腐放到一个容器中并用打蛋器搅碎。然后加入淡酱油和料酒拌匀。

11 将步骤 9 中的蛋液倒入容器中并用打蛋器搅拌均匀。用筷子或勺子搅拌的话会留有豆腐渣，所以最好用打蛋器来搅拌。

12 将胡萝卜丝、嫩豌豆、鹿尾菜倒进步骤 11 的容器中。这些馅料都已经加热过一次了，所以放到模具中也完全可以烤熟。

13 用硅胶铲将全部的材料仔
细拌匀。将烤箱预热到
150℃。

18 用硅胶铲将蛋液表面弄平。

23 提起浇灌箱的把手取出烤
好的袄纱蛋卷。用刀将粘
在 U 型板底部的袄纱蛋卷分割开。

14 用厨房用纸将色拉油（分
量外）涂抹在浇灌箱（用
于烤制液体状食材的方形模具）内
侧。仔细地涂抹到整个浇灌箱内侧。

19 将蛋液放到预热至 150℃
的烤箱中，烤 10 分钟左右。

24 用浇灌箱将 U 形板里的袄
纱蛋卷推到菜板上。然后
将蛋卷切成一口大小。

15 将色拉油放到用大火加热
的煎锅中，油热后将步骤
13 的蛋液倒入锅中。用硅胶铲大幅
地搅拌，将蛋液加热至半熟。

20 如果没有浇灌箱的话也可
以用煎蛋卷器来制作。（煎
制方法请参照 P212）

25 将萝卜泥放到笊篱里轻轻
按压以去除水。将袄纱蛋
卷装盘，然后将萝卜泥放到蛋卷旁
并浇上酱油，最后放上嫩芽葱即可。

16 当蛋液开始凝固时用硅胶
铲刮锅底，如果可以看见
锅底的话即可停止加热，在此期间
要不断地搅拌。

21 从烤箱中取出后要放置一
段时间以去除余热。用竹
扦在中间扎一下，如果流出的汁液
是透明的说明已经烤制好。

POINT!

在装入模具前将鸡蛋加热至半熟

如果将搅匀的蛋液直接倒进模
具中，烤制出来的袄纱蛋卷的馅
料会不均匀。所以要先用煎锅将
蛋液加热至半熟，这样烤制出来
的袄纱蛋卷才会漂亮。

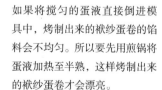

17 将蛋液倒回浇灌箱中。如
果将蛋液加热至完全凝固
的状态蛋饼就会裂开，所以当加热
到半熟状态时要立即将蛋液倒进浇
灌箱中。

22 用刀将粘在浇灌箱四周的
蛋卷切开。

将蛋液加热到半凝固的状态。不要加
热到完全凝固。

制作不同馅料的袱纱蛋卷

通过改变馅料做出色彩更鲜艳、营养更丰富的蛋卷

明太子小鳀鱼袱纱蛋卷

材料（2人份）
鸡蛋…2 个
明太子…30 g
小鳀鱼…10 g
万能葱…1 大勺
色拉油…2 小勺

制作方法
❶将散开的明太子、小鳀鱼和切成小圈的万能葱放到搅匀的蛋液中拌匀。
❷加热煎蛋器中的色拉油后倒入蛋液，一边煎一边卷。

意式袱纱蛋卷

材料（2人份）
鸡蛋…2 个
番茄干…10 g
黑橄榄…1 个
意大利香芹…1 枝
蒜油…2 小勺

制作方法
❶将切成 5 mm 见方的番茄干放到搅匀的蛋液中泡发。
❷切成薄片的黑橄榄和切成粗末的意大利香芹放入蛋液里搅拌均匀。加热蒜油后倒入蛋液，边煎边卷。

  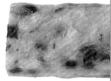

花椒鳗鱼袱纱蛋卷

材料（2人份）
鸡蛋…2 个
蒲烧鳗鱼…30 g
花椒…1/3 小勺
鸭儿芹…2 根
色拉油…2 小勺

制作方法
❶将煎蛋卷器中的色拉油加热后倒入搅匀的蛋液煎制。
❷将切成 1 cm 长的条状的鳗鱼和切成细末的花椒放到蛋饼上卷一卷，让鳗鱼变成蛋卷的中心。卷完一卷后将切成 2 cm 长的鸭儿芹放到蛋饼上继续卷。

中式袱纱蛋卷

材料（2人份）
鸡蛋…2 个
榨菜…15 g
樱虾…1 大勺
木耳（用水泡发）…3 个
菠菜（用盐水焯）…30 g
芝麻油…2 小勺

制作方法
❶将樱虾、切成细末的榨菜、去掉较硬部分（木耳根）后切成丝的木耳放到搅匀的蛋液中搅拌均匀。
❷将煎蛋卷器中的芝麻油加热后倒入蛋液，一边煎一边卷。在卷最后一个卷前加入切成 2 cm 长的菠菜后再卷。

   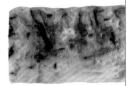

用煎蛋器制作袱纱蛋卷的方法

　　所谓袱纱就是将几块丝绸互为表里地合在一起的绸巾，这里指的是使用几种食材制成像丝绸一样柔软的料理。在日本料理店有时会将袱纱蛋卷写作"福さ焼き"，具有寓意吉祥、招福的意味。

　　上页介绍了用浇灌箱烤制蛋卷的方法，但其实用煎蛋卷器也可以做出袱纱蛋卷。具体的制作方法就是先在加热的煎蛋器里刷上一层色拉油，然后倒入 1/4 的蛋液。接着晃动煎蛋卷器让蛋液均匀地铺开，当蛋液的表面开始咕咕冒泡时用长筷夹住蛋饼的边缘，由上而下地将蛋卷卷起来。卷完后将蛋卷放到上方，在剩余的部分再刷上一层色拉油。然后再次倒入蛋液，重复以上操作直至将蛋液用完。如果中途想卷入馅料的话，需要等到蛋液表面稍微凝固后再放上馅料来卷。

豆腐汉堡肉饼

为了做出紧实的肉饼一定要仔细沥除豆腐中的水

| 增加拿手菜 |

可以在原料里加入味噌或梅干来
调味，这样就不用浇酱汁或芡汁。
此外，也可以将豆腐做成西式风味
的奶酪烤豆腐或豆腐牛排。

豆腐汉堡肉饼

材料（2 人份）

豆腐汉堡

木棉豆腐…1/2 块
鸡肉馅…75 g
香菇…2 个
竹笋（水煮）…20 g
大葱（葱白部分）…10 g
日本山药或山药…15 g
酒…1 小勺
淡酱油…1 小勺
黄油…1 小勺
色拉油…1 小勺
盐、胡椒粉…各适量

配菜

茄子…1 个（150 g）
朴树嫩苗…1/2 包（50 g）
盐、胡椒粉…各适量
绿紫苏…2 片

柚子浇汁

切成细丝的柚子皮…1 小勺
酒…1 大勺
料酒…1 大勺
汤汁（参照 P50）…2 小勺
淡酱油…1 大勺
水溶的猪牙花淀粉…将猪牙花淀粉和水各 1/2 小勺拌匀

菜品搭配建议

· 海苔拌香菇山药
· 芋头味噌汤

所需时间 40 分钟

处理豆腐

1 将木棉豆腐片成两片。然后用厨房用纸将豆腐包起来。豆腐片成两片后，沥除水的时间也会减半。

2 将盛有水的容器压在上面。放置 30 分钟以沥除水。

处理蔬菜

3 切掉香菇的菌柄后将香菇切成两半，再从边缘开始将香菇切成 5 mm 厚的薄片。

4 将竹笋切成 1~2 mm 厚的薄片。

5 将大葱切成 1~2 mm 厚的薄片。

6 将用来做配菜的茄子的萼片去掉，再将茄子纵切成两半，再在茄子皮上划出数道刀口，刀口的深度要达到茄子厚度的一半。这样煎制时茄子会比较容易熟。

7 切掉朴树嫩苗的根部并用手将嫩苗拆开。

8 将日本山药擦成泥。山药在这里起到了黏着的作用，加入汉堡中可以让汉堡的口感更加松软。

处理豆腐

9 当用手按压豆腐也没有水渗出时就可以停止沥水了。此时豆腐的重量变为原来的 2/3 左右即可。

制作豆腐汉堡肉饼

10 将豆腐放到碗中并用手将豆腐捏碎。

11 将鸡肉馅、香菇、竹笋、大葱和日本山药放入装豆腐的碗中。

12 将豆腐和其他材料一起搅拌均匀。加入酒、淡酱油、少许盐和胡椒粉后继续搅拌。

13 为了统一肉饼的大小需要先将材料的表面抹平。

14 用硅胶铲将材料分成四等份。

15 手上涂些色拉油（分量外），一边挤出材料中的空气一边将原料弄成椭圆形。像练习棒球的投接球那样挤出材料中的空气。

16 然后将豆腐肉饼放到铺有保鲜膜的方盘中，用手轻轻按压让肉饼的中间凹陷下去。肉饼中央是最不容易熟的地方，很容易膨胀起来，所以要先按压一下。

煎制豆腐汉堡肉饼和配菜

17 将黄油和色拉油放到用中小火加热的煎锅中。黄油融化后将豆腐肉饼和茄子放入锅中，茄子皮朝下。

18 用中小火煎4分半左右。当锅底一面的茄子煎好后将茄子翻面。

19 当锅底一面的豆腐肉饼煎至金黄色时将肉饼翻面，然后将另一面也煎成金黄色。

20 当茄子表面开始噗噗冒泡时说明茄子已经煎熟。然后将茄子从煎锅中取出并放到厨房用纸上。

21 将朴树嫩苗放到锅中空出的部分，撒上少许盐和胡椒粉后将嫩苗煎香。如果油不够的话就再加点黄油。

22 将金属扦扎进肉饼最厚的部分，确认豆腐饼是否已经煎熟。

23 5秒后拔出金属扦，将金属扦贴在手指上，如果金属扦足够热的话说明肉饼已经煎熟。然后取出锅中的肉饼和配菜。

制作柚子浇汁

24 将柚子皮稍微削一下，从边缘开始将柚子皮切成细丝。然后将切成细丝的柚子皮浸泡到水中以去除涩味，之后再沥除水。

25 用厨房用纸将步骤23中的煎锅里的油擦拭干净，然后倒入酒和料酒并用大火加热。接着倒入汤汁和淡酱油。

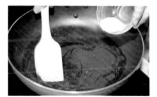

26 将加水化开的猪牙花淀粉慢慢地倒入锅中勾芡，加热至浓稠后将火调小并加入柚子皮。将豆腐汉堡肉饼和配菜装盘，然后浇上柚子浇汁。

您了解由不同材料制成的各种大豆制品吗

偶尔会在超市发现比较不常见的新型豆腐或纳豆

豆腐

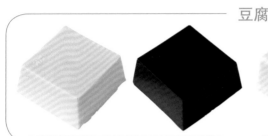

黑芝麻豆腐、白芝麻豆腐

在豆浆中加入磨碎的芝麻蒸制而成。加入黑芝麻就是黑芝麻豆腐，加入白芝麻就是白芝麻豆腐。此外还有加入绿紫苏、柚子、生姜等材料的豆腐。

毛豆豆腐

将煮熟的毛豆捣碎后加到豆浆中制成。也有加入整粒毛豆的泛着绿色的豆腐。

软豆腐

这种豆腐要比普通豆腐软，口感松软。使用多少就可以取出多少。

纳豆

黑豆纳豆

用黑豆取代大豆制成的纳豆。与普通纳豆一样也可以分成大粒和小粒等类型。

纳豆干

将纳豆晒干后制成。可以和白饭一起吃，也可以当作下酒菜。

其他

油炸豆皮

将豆腐皮油炸后制成。可以直接吃，也可以用作炖煮的材料。

松软豆腐丸

在豆腐中加入海鲜肉泥、山药、百合根等制成的丸子。口感要比普通的丸子松软。

每日餐桌上都必不可少的各种大豆制品

在我们的日常饮食中有许多大豆制品。毛豆是在大豆成熟前就采摘下来的嫩豆，豆芽是大豆发芽后得到的。此外，还有许多大豆制品，比如在碾碎大豆制成的豆浆中加入卤水后凝固而成的豆腐，在蒸好的大豆中加入纳豆菌后发酵而成的纳豆，将煎熟的大豆研碎后制成的豆粉等。另外，还有将豆腐油炸后制成的油炸豆腐，将碾碎的豆腐和蔬菜搅拌在一起油炸而成的豆腐丸子等不胜枚举的以大豆为原料的食品。

大豆之所以这么重要是因为大豆中含有丰富的营养成分。大豆中含有大量的蛋白质，因此也被人称为"田中之肉"。此外，大豆还富含维生素B1、维生素B2和食物纤维。如果不想浪费大豆中的营养成分，最好的办法就是将大豆制品做成汤，这样在炖煮过程中大豆的营养成分就会进入到汤汁中，可以被全部食用。

家常豆腐

将豆腐炸成金黄色后要仔细沥除油

| 增加拿手菜 |

家常豆腐就像是日本的土豆炖肉一样，是中国最常见的家庭料理。也可以直接用油炸豆腐来制作，这样就省去了将豆腐油炸的这道工序，与鲜豆腐相比油炸豆腐还不容易碎。

家常豆腐

材料（2 人份）

木棉豆腐…1 块
薄片五花肉…100 g
香菇…2 个
煮熟（水煮）…50 g
木耳…2 g
西蓝花…40 g
大葱（葱白部分）…20 g
大蒜…1/2 片
生姜…5 g
A　酒…1 小勺
　　酱油…1 小勺
水溶的猪牙花淀粉…将猪牙花淀粉和水各 1/2 小勺搅拌均匀
煎炸油…适量
色拉油…1 小勺
盐、胡椒粉…各适量

混合调味料
味噌…1 大勺
砂糖…1 大勺
酒…1 大勺
酱油…2 大勺
鸡架汤…100 mL

菜品搭配建议

- 中式茶碗蒸
- 火腿豆芽汤

所需时间 40 分钟

处理豆腐

1　将木棉豆腐切成两半后再将豆腐斜切成直角三角形。

2　将豆腐放到铺有厨房用纸的方盘中，然后再用厨房用纸将豆腐盖起来。

3　在上面轻轻按压以去除豆腐中的水分。如果厨房用纸被水浸透的话就将纸中的水拧干，然后再继续去除水分。

处理蔬菜

4　将木耳放入水中浸泡 15 分钟左右。将大蒜和生姜切成末。

5　将大葱斜切成 8 mm 厚的圆片。

6　去掉香菇的菌柄后将香菇切成大小均匀的六块。

7　将竹笋乱切成一口大小的小块。

8　将西蓝花分成小朵。

9　把西蓝花放入水中浸泡并洗去污垢，然后沥除水。

10　木耳泡发后切掉上面较硬的部分，然后再将木耳切成 1 口大小。

处理猪肉

11　将薄片猪五花肉切成 3 cm 长的薄片。

12 将猪肉放到容器中，加入A后用手揉搓入味。

17 将味噌、砂糖、酒、酱油按顺序放入容器中搅拌均匀，最后倒入鸡架汤拌匀。

22 将所有材料炒好后加入步骤 17 的混合调味料，然后继续翻炒让调味料融入材料中。

13 将豆腐放到 180℃ 的油中炸至浅黄色，炸 5 分钟左右即可。

18 将色拉油、大蒜和生姜放入用中火加热的煎锅中，至生姜和大蒜发出香味。可以不时地将煎锅倾斜。

23 放入豆腐，将豆腐与其他材料搅拌在一起。

14 当豆腐变成如图所示的浅黄色时将豆腐捞出。

19 将猪肉放入煎锅中用大火炒香，炒至猪肉红色的部分变色。

24 最后放入西蓝花。绿色的蔬菜很容易变色，所以要最后放入。

15 将豆腐放到笊篱中沥除多余的油。

20 将炒好的猪肉拢到一边，用厨房用纸将锅底空出部分的油擦拭干净。

25 将加水化开的猪牙花淀粉一点点地倒入锅中勾芡。

16 将西蓝花放入步骤 14 的油锅中过油。

21 将香菇、竹笋、大葱、木耳放入锅中空出的地方并大幅搅拌。再加入少许盐和胡椒粉调味。

26 大幅地搅拌，将所有材料搅拌均匀。最后装盘即可。

中国的家庭料理

使用调味料可以轻松地做出正宗的中国料理

麻婆粉丝

材料与制作方法（2人份）

❶将色拉油（1大勺）倒入煎锅中用大火加热，然后放入切成末的大蒜（1片）和生姜（1片）翻炒。接着再放入鸡肉馅（150 g）和豆瓣酱（1大勺）继续炒。

❷放入鸡架汤（200 mL）、酱油（1½大勺）、酒（1大勺）、砂糖（1小勺）、盐、胡椒粉（各少许）、粉丝（1袋）和切成薄片的香菇（1个）炒煮。炒熟后将切成3 cm长的韭菜（20 g）放到锅中稍微煮一下。沿着锅边倒入芝麻油（1小勺），装盘后撒上白芝麻和辣椒丝。

牛肉炖萝卜

材料与制作方法（2人份）

❶将酒（1小勺）和酱油（1小勺）倒在牛肩肉（100 g）上揉搓入味。

❷将色拉油（1大勺）倒入压力锅中加热，将切成末的大葱（1/4根）、大蒜（5 g）和生姜（10 g）放入锅里炒香。然后放入牛肉、切成半月形的萝卜（100 g）和胡萝卜（100 g）、切成5 cm长的蒜薹（2根）翻炒。

❸将鸡架汤（350 mL）、绍兴酒（1大勺）、酱油（1小勺）、砂糖（2小勺）和盐（1/6小勺）放入锅中炖煮，舀出浮沫并取出蒜薹。

❹在压力锅中炖煮约20分钟后打开锅盖，炖煮至只剩少许汤汁。然后将蒜薹放回锅中稍微加热。

南瓜蒸肉

材料与制作方法（2人份）

❶将南瓜（200 g）切成较厚的片并用油炸一下。将薄片猪五花肉（180 g）切成一口大小，加入酒（1小勺）和酱油（1小勺）揉搓入味，然后裹上面粉油炸。

❷将大葱（20 g）、大蒜（1片）和生姜（1片）切末。

❸将色拉油（2小勺）倒入用大火加热的煎锅中，油热后放入大葱、大蒜和生姜翻炒。然后放入南瓜、猪肉、切成两半的四季豆（2个），加入甜面酱（2大勺）、豆瓣酱（1小勺）、绍兴酒（2大勺）、酱油（2大勺）、鸡架汤（3大勺）稍微炖煮一下，然后放入加水（2小勺）化开的猪牙花淀粉（2小勺）勾芡。最后将切成细丝的大葱（葱白部分）放到上面。

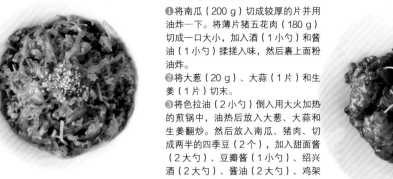

借助调味料的力量做出中国家庭料理的风味

在制作中国料理时很难聚齐中国的食材，所以不妨尝试完全用中国的调味料来调味。这样即使是初学者也可以做出中式风味。

绍兴酒这种中国酒是指出产于绍兴市的酒，产于其他产地的一般叫作老酒。虽然也可以用日本酒来代替，但绍兴酒是经过长期熟成的，所以可以将它特有的美味和香味传递给料理。

此外，日本的酱油和中国的酱油也不尽相同。一般来说中国酱油中的盐分含量较少，主要用来着色。它和日本的大豆酱油比较像，颜色都比较浓。另外，还有将盐水煮牡蛎的汤汁调味和上色制成的蚝油，由盐渍豆腐发酵而成的腐乳、鸡架汤等，使用这些中国特有的调味料或汤汁就可以做出更正宗的中国料理。

食材分类

果蔬类

根菜类

豆类

薯类

蘑菇类

叶菜类

其他

■汤
□ 配菜
※ 汤（■）中还包含调味汁和酱汁。

TIT LE：［イチバン親切なおかずの教科書］

BY：［川上　文代］

Copyri ght © 2009 Fumiyo Kawakami

Ori ginal Japanese lan gua ge edition published by SHINSEI Publishin g Co., Ltd.

All ri ghts reserved. No part of this book may be reproduced in any form without the written permission of the publisher.

Chinese translation ri ghts arran ged with SHINSEI Publishin g Co., Ltd., Tokyo throu gh NIPPAN IPS Co., Ltd.

本书由日本株式会社新星出版社授权北京书中缘图书有限公司出品并由河北科学技术出版社在中国范围内独家出版本书中文简体字版本。

著作权合同登记号：冀图登字 03-2020-131

图书在版编目（CIP）数据

川上文代的日本料理教科书 / （日）川上文代著；马金娥译 . -- 石家庄：河北科学技术出版社，2021.5

ISBN 978-7-5717-0755-2

Ⅰ . ①川… Ⅱ . ①川… ②马… Ⅲ . ①食谱—日本

Ⅳ . ① TS972.183.13

中国版本图书馆 CIP 数据核字 (2021) 第 079374 号

川上文代的日本料理教科书

［日］川上文代 著　　马金娥 译

策划制作：北京书锦缘咨询有限公司（www.booklink.com.cn）

总 策 划：陈　庆

策　　划：姚　兰

责任编辑：刘建鑫

设计制作：刘岩松

出版发行　河北科学技术出版社

地　　址　石家庄市友谊北大街 330 号（邮编：050061）

印　　刷　北京美图印务有限公司

经　　销　全国新华书店

成品尺寸　170 mm×240 mm

印　　张　14

字　　数　200 千字

版　　次　2021 年 5 月第 1 版

　　　　　　2021 年 5 月第 1 次印刷

定　　价　68.00 元